ABHANDLUNGEN DER DEUTSCHEN AKADEMIE
DER WISSENSCHAFTEN ZU BERLIN

Klasse für Mathematik, Physik und Technik
Jahrgang 1960 Nr. 2

WALTER PAUER

EINIGE GRUNDSÄTZLICHE FRAGEN ZUR RAUMHEIZUNG

WERNER BOIE und FRIEDRICH DITTRICH

WÄRMEVERSORGUNGSANLAGEN DER TECHNISCHEN HOCHSCHULE DRESDEN

NORBERT ELSNER

BEDEUTUNG UND ANWENDUNG DER EXERGIE IN DER WÄRMETECHNIK

Mitteilungen der Sektion für Maschinenbau

Mit 72 Abbildungen und 1 Tabelle

AKADEMIE-VERLAG · BERLIN

1960

Vorgelegt von den H. H. Jante und Boie in den Sitzungen vom 19. November 1959 und 28. Januar 1960
Zum Druck genehmigt an den gleichen Tagen, ausgegeben am 19. November 1960

Erschienen im Akademie-Verlag GmbH, Berlin W 1, Leipziger Straße 3–4
Lizenz-Nr. 202 · 100/725/60
Kartengenehmigung: MdI Nr. 5829

Gesamtherstellung: Druckhaus „Maxim Gorki", Altenburg
Bestellnummer: 2001/60/I/2
Preis: DM 12,50
Printed in Germany
ES 20 D 2

INHALTSVERZEICHNIS

W. Pauer

Einige grundsätzliche Fragen zur Raumheizung [1])

Die materiellen Grundlagen unseres Lebens sind bedingt durch Ernährung, Bekleidung und Wohnung. Es ist die Aufgabe der Technik, für eine wachsende Zahl von Bewohnern unserer Erde immer breitere und verbesserte Lebensbedingungen zu schaffen. Die Erzeugung von Lebensmitteln pflanzlicher und tierischer Herkunft muß weit über das natürliche Vorkommen hinaus gesteigert werden, durch zweckmäßige Bekleidung und Wohnung müssen auch in den Gegenden der Erde günstige Lebens- und Arbeitsbedingungen geschaffen werden, in denen solche von der Natur aus nicht oder nur zu bestimmten Jahreszeiten vorhanden sind. In allen Teilen der Erde ändern sich innerhalb eines Tages und in noch höherem Maß innerhalb eines Jahres die Temperaturen. Je höher entwickelt ein Lebewesen ist, desto weniger kann es sich infolge seiner natürlichen körperlichen Eigenschaften diesen Schwankungen anpassen. Desto größer wird aber seine Fähigkeit, durch künstliche Mittel sich Lebensmöglichkeiten zu verschaffen. Pflanzen der verschiedensten Arten sind nur unter eng begrenzten klimatischen Bedingungen lebens- und fortpflanzungsfähig, Tiere können durch Veränderungen ihres Standorts ein für sie geeignetes Klima mit ausreichenden Ernährungsverhältnissen aufsuchen (Zugvögel). Der Mensch dagegen kann in allen Gegenden der Erde durch technische Maßnahmen ein für ihn geeignetes Klima schaffen, indem er den Wärmeaustausch zwischen seinem Aufenthaltsraum und der Umgebung einschränkt und darüber hinaus in diesen Räumen durch künstliche Mittel Wärme erzeugt. Diese Raumbeheizung gehört zu den ältesten Betätigungsgebieten der Technik, deren Anfang bis zur Menschwerdung zurückgeht, die sich durch die Beherrschung des Feuers gegenüber den höchstentwickelten tierischen Lebewesen auszeichnet.

Trotz ihrer uralten Geschichte stellt die Heizungstechnik keineswegs ein in ihrer Entwicklung abgeschlossenes Gebiet dar. Verhältnismäßig spät — etwa an der Wende des 19. zum 20. Jahrhundert — ist man bei der Berechnung der Heizungsanlagen von der rein empirischen zur wissenschaftlich begründeten Methode übergegangen (1893 Rietschels Leitfaden der Heizungs- und Lüftungstechnik), etwa gleichzeitig von der handwerklichen zur industriellen Herstellung der Heizungsanlagen. Kennzeichnend hierfür ist der Gliederkessel von Strebel (gest. 1898). Die Entwicklung der Heizung mit dem Ziel, statt erträglicher optimal günstige (behagliche) Aufenthaltsbedingungen herzustellen, ist noch in vollem Gang. Der Fortschritt von der Heizung und Lüftung zur Klimatisierung, die neben behaglichen Temperaturen und reiner Luft gleichzeitig eine bestimmte Feuchtigkeit selbständig regelt, steht noch im Anfang der Entwicklung. Zur Klärung der physiologischen Zusammenhänge zwischen Luftbeschaffenheit und Behaglichkeitsgefühl ist noch viel Arbeit zu leisten. Als Lehrfach an Hochschulen fand Heizung, Lüftung und Klimatisierung nur sehr langsam Eingang.

Die Vertiefung verschiedener Zweige auf dem Gebiet der Hygiene, des Bauwesens, des Maschinenwesens und der Energiewirtschaft brachte zwar im einzelnen große Fortschritte, hatte aber den Nachteil, daß der innere Zusammenhang teilweise verlorenging, daß die Ver-

---

[1]) Erweiterte Fassung eines vor der Sektion Maschinenbau der Deutschen Akademie der Wissenschaften zu Berlin am 11. 3. 1959 in Dresden gehaltenen Vortrags.

treter der Fachgebiete verschiedene Sprachen sprechen und daß die Einzelteile der Gebäude nicht die für die Gesamtwertung günstigste Form erhalten. Die wichtigste Aufgabe scheint heute zu sein, alle an der Planung beim Bau und bei der Benutzung von beheizten Räumen beteiligten Personen auf ein gemeinsames Ziel auszurichten. Im folgenden sollen einzelne der Fragen behandelt werden, die einer für die Allgemeinheit günstigen Lösung entgegengeführt werden müssen.

I. Die physikalischen Grundlagen des Wärmeaustausches zwischen dem Menschen und seiner Umgebung

Jedes Lebewesen erzeugt infolge der sich in seinem Körper abspielenden chemischen Umsetzungen eine bestimmte Wärmemenge, die — soll die Körpertemperatur konstant bleiben — an die Umgebung abgeführt werden muß. Im menschlichen Körper beträgt diese Wärmemenge, wenn keine wesentliche körperliche Arbeit verrichtet wird, etwa 100 kcal/h. Sie steigt bei mittlerer Arbeit auf 200—250, bei schwerster Arbeit auf 400—500 kcal/h. Die Entbindung und die Abgabe dieser Wärmemenge wird durch chemische und physikalische Regeleinrichtungen vom Nervensystem gesteuert. Die Wärme wird teils durch Leitung und Strahlung von der Oberfläche der Haut und der Bekleidung an die Umgebung abgegeben, teils zur Verdunstung des Schweißes verwendet. Nach den Gesetzen der Wärmeübertragung muß die Hauttemperatur zwischen der Körper- und Umgebungstemperatur liegen. Ihre Höhe ist maßgebend für das Behaglichkeitsgefühl. Das Optimum liegt etwa bei 31,5° C. Die Höhe wird innerhalb gewisser enger Grenzen von den physikalischen Temperaturreglern (Hautporen, Schweißdrüsen) beeinflußt und muß außerhalb dieser Grenzen durch die Wärmedämmung der Bekleidung und die Raumtemperatur einem Optimum nahegebracht werden. Bei Aufenthalt im Freien liegt die Umgebungstemperatur fest, und die Wärmeabgabe kann daher nur durch die Art der Bekleidung beeinflußt werden. Bei der Wahl der Kleidung spielt allerdings die Wärmedämmung nicht die einzige Rolle, vielmehr sind modische Bedingungen von erheblicher Bedeutung, denen gegenüber die Eignung der Bekleidung als Wärmeschutz oft zurücktritt.

Bei der Ausgestaltung von Wohn- und Arbeitsräumen ist zu beachten, daß die Frage des Wärmeverbrauches für die Heizung häufig von geringerer Bedeutung gegenüber den Forderungen nach guten Lichtverhältnissen und ausreichender Lufterneuerung ist. Die architektonisch einwandfreie Ausbildung des Raums und der Heizeinrichtung führt häufig dazu, daß nicht die wärmetechnisch günstigste Lösung gewählt wird. Während der Heizzeit ist bei tiefen Außentemperaturen der Wärmeaustausch zwischen Raum und Umgebung meist sehr groß gegenüber der Wärmeentbindung durch die im Raum befindlichen Menschen, so daß dieser Einfluß bei der Auslegung der Heizungsanlagen nur bei dicht belegten Räumen berücksichtigt wird. Im allgemeinen legt man eine dem Verwendungszweck der Räume angepaßte Lufttemperatur fest, deren Höhe erfahrungsgemäß für die Mehrzahl der sich im Raum aufhaltenden Personen behagliche Verhältnisse ergibt. Besonders schwierig wird die Aufgabe, ein behagliches Klima einzustellen dann, wenn in dem gleichen Raum eine größere Anzahl von Personen mit verschieden schwerer körperlicher Arbeit sich befindet, oder mit einer Kleidung, die der Arbeit nicht angepaßt ist, denn dann kann die Behaglichkeitstemperatur für die einzelnen Personen recht verschieden sein und von der behaglichen Mitteltemperatur erheblich abweichen.

Dazu kommt, daß die Lufttemperatur in einem Raum keineswegs allein für das Behaglichkeitsgefühl maßgebend ist. Zwischen den Insassen des Raums findet nicht nur ein Wärmeaustausch durch Leitung und Konvektion mit der Raumluft, sondern auch ein Strahlungsaustausch mit den Wänden, der Decke und dem Fußboden und den Heizflächen statt. Ein Raum wird trotz hoher Lufttemperatur als unangenehm kalt empfunden, wenn die Wandungstemperaturen tief liegen, weil mit der Raumheizung erst kurz vorher begonnen wurde oder weil die Wärmedämmung durch die Wand schlecht ist. Besonders unangenehm ist das in Badezimmern, wenn der nackte Körper in Strahlungsaustausch mit kalten Wandoberflächen steht. Auch die Temperatur und Wärmeleitfähigkeit des Fußbodens ist wichtig, da ein zu großer Wärmeentzug an den Fußsohlen das Wohlbefinden erheblich stört. Neben wärmedämmendem Fußbodenbelag (Teppiche) können schlecht leitende Schuhsohlen diese Nachteile vermindern. Auch zu hohe Temperaturen der Heizfläche können als unangenehm empfunden werden, besonders, wenn sie im Strahlungsaustausch mit dem Kopf stehen. So sind Deckenheizungen bei Temperaturen über 34° C unangenehm, und auch zu hohe Fußbodentemperaturen können bei den sich dauernd dort aufhaltenden Personen Fußerkrankungen hervorrufen.

Je nach dem Ort, an dem in einem Raum die Heizflächen angebracht sind, bildet sich eine Konvektionsbewegung der Luft gegenüber den Stellen stärkster Abkühlung (Fenster, Außenwände) aus. Da jede Luftbewegung die Wärmeübergangszahl erhöht, sollen Heizkörper so angebracht werden, daß die Zimmerbewohner sich nicht dauernd in einem Luftstrom befinden. Bei Heizkörpern, die unter dem Fenster liegen, ist dies besser gewährleistet als bei Heizkörpern an Innenwänden.

Zusammenfassend läßt sich sagen, daß in Wohn- und Arbeitsräumen die Schaffung eines optimalen Klimas von allen Faktoren abhängt, die den Wärmeaustausch zwischen dem Raum und seinen Bewohnern bedingen. Die Höhe der behaglichen Lufttemperatur wird stark beeinflußt durch ausreichende Temperaturen von Außenwänden, Decke und Fußboden, von nicht zu hohen Heizkörpertemperaturen, Vermeidung von Zugerscheinungen und nicht zuletzt von einer der Beschäftigung der Bewohner angepaßten Kleidung. Diese Faktoren lassen sich aber nicht durch die Ausführung der Heizung allein beeinflußen, sondern sind weitgehend durch die Ausführung des Baues vorbestimmt. Nur sorgfältigste Abstimmung zwischen Bau und Heizungsanlage ist die Vorbedingung für befriedigende Heizverhältnisse.

II. Die baulichen Voraussetzungen für die Heizung

Bei der Betrachtung der Heizung darf man sich nicht auf die eigentlichen Anlagen zur Entbindung der Wärme und ihrer Abgabe an den Raum beschränken, sondern muß das ganze zu beheizende Gebäude mit Rücksicht auf seine Wärmedichte auf die besonderen für die Heizung erforderlichen Anlagen, wie Schornsteine, Kesselraum, Brennstoffkeller, Einrichtungen für Brennstoff- und Aschentransport mit einbeziehen. Alle diese Anlagen sind unter verschiedenen Gesichtspunkten zu betrachten:

1. Erfüllen sie die verlangten hygienischen Forderungen und fügen sie sich in den Wohnraum gut ein?
2. Welcher Aufwand an Anlagekosten, Betriebskosten und Bedienung entsteht?

Die Art der Bauausführung bestimmt den Wärmebedarf für seine Beheizung sowie die Anlagekosten für Bau und Heizungsanlage und weitgehend auch den Brennstoffbedarf.

Der Wärmeaustausch zwischen den zu beheizenden Räumen und der Umgebung erfolgt in der Hauptsache durch zwei Bauelemente: Durch die Außenwände und durch die Fenster. Demgegenüber ist der Wärmeaustausch mit Räumen niedrigerer Temperatur im Innern des Hauses (Gänge, Treppenhäuser, Keller, Dachboden) von geringerer, wenn auch meist nicht zu vernachlässigender Höhe. Ein zusätzlicher Wärmebedarf besteht ferner durch den Luftwechsel zwischen dem zu beheizenden Raum und seiner Umgebung. Dieser ist bis zu einer gewissen Höhe zur Erneuerung der Raumluft erforderlich. Der durch die Bauausführung insbesondere durch Undichtheiten der Fenster bedingte Luftwechsel ist aber häufig höher als der erforderliche Luftwechsel, so daß vor allem in schwach belegten Wohnräumen durch den natürlichen Luftwechsel ein recht erheblicher Mehrverbrauch an Wärme entsteht. Bei stark belegten

Räumen (Schulen, Theater, Kino) dagegen erfordert der Luftwechsel künstliche Belüftung. Es ist aber nicht zu empfehlen, auf die Luftdichtheit keinen Wert zu legen; denn im Gegensatz zu natürlichen Undichtheiten kann man den künstlichen Luftwechsel exakt dosieren und an die Luft an den Stellen und in solchem Zustand in den Raum einführen, daß keine belästigenden Zugerscheinungen auftreten. Um sich über den Einfluß der Lufterneuerung auf den Wärmeverbrauch Rechenschaft zu geben, sehen die neuen Vorschriften zur Ermittlung des Wärmeverbrauchs mit Recht die gesonderte Ermittlung des Luftwechsels und nicht einen Zuschlag auf die Transmissionswärme vor.

Von grundlegender Bedeutung ist die Wärmedichtheit des Baues. Die Art der Bauausführung bedingt die Baukosten, die Kosten der Heizungsanlage und die jährlich entstehenden Brennstoffkosten. In erster Linie muß die Baufestigkeit gewährleistet sein, die die im Bauinnern entstehenden Belastungen durch Einrichtungen, Menschen und Maschinen sicher aufnimmt. Auch müssen die von außen angreifenden Windkräfte berücksichtigt werden. Bei älteren Bauweisen, besonders bei Ziegelbauten, gewährleistete ausreichende Festigkeit bereits eine weitgehende Wärmedämmung. Bei neueren hochwertigen Baustoffen dagegen (Eisenhochbau, Eisenbetonbau usw.) ist die Wärmedämmung unzureichend, und es müssen zusätzliche hochwertige Isolierschichten angebracht werden. Um bei tiefen Außentemperaturen infolge der bei solchen Bauarten sich einstellenden tiefen Temperaturen an der inneren Wand Schwitzwasserbildung zu vermeiden, hat man die Regel aufgestellt, daß die Wärmedämmung einschließlich der zusätzlichen Isolierschicht mindestens ebenso stark sein soll wie die einer $1\,^1/_2$ Stein starken Ziegelmauer ($k = 1{,}26$, nach früheren Vorschriften $= 1{,}34$ kcal/m^{2}h grd.). Diese Regel wird heute auch bei Wohnungsbauten allgemein eingehalten, ohne daß man sich Gedanken macht, ob nicht durch stärkere Wärmedämmung wirtschaftlich günstigere Ergebnisse erreichbar sind. Versieht man die heute üblichen Ziegelmauern mit zusätzlicher Isolierung, so fällt dadurch der Wärmeverbrauch. Die Heizungsanlagen können kleiner werden, der Brennstoffverbrauch sinkt, aber die Erhöhung der Baukosten macht eine solche Verbesserung der Betriebskosten nicht erstrebenswert. Wesentlich günstigere Verhältnisse erhält man aber, wenn man die Dicke des Mauerwerks auf die Festigkeitsanforderungen beschränkt und eine zusätzliche Isolierschicht anbringt, die die Wärmedämmung so verstärkt, daß die Betriebskosten möglichst klein werden. Es läßt sich zeigen, daß hierbei ohne Erhöhung der Gesamtbaukosten für Mauerwerk plus Isolierung plus Heizungsanlagen der Brennstoffverbrauch bei gleichen Betriebsverhältnissen auf die Hälfte und darunter gesenkt werden kann [1 und 2]. Auch verbesserte Fensterbauarten können — wenn auch bei erhöhten Baukosten — den Brennstoffverbrauch erheblich senken [3]. Da 1 m^2 Fensterfläche viel teurer ist als 1 m^2 Mauerwerk mit guter Wärmedämmung und der Wärmeverlust größer ist, so folgt daraus, daß man die Abmessungen der Fenster nicht größer machen sollte, als ihrer Aufgabe, die Räume mit Licht und Luft zu versorgen, entspricht. Weit verbreitete Bauarten, wie die bis zum Boden heruntergezogenen Türen zu nicht betretbaren Austritten, lassen sich wirtschaftlich nicht vertreten. Es ist klar, daß die Güte eines Baues nicht nach seiner Beheizbarkeit beurteilt werden darf, aber man kann verlangen, daß dieser Gesichtspunkt um so mehr überlegt wird, je größeren Anteil an den Betriebskosten die Heizkosten verlangen. Bei manchen Bauten, bei denen die Verbindung zwischen Raum und Außenumgebung bewußt unterbunden werden soll (Theater, Kino), geht man zur fensterlosen Bauweise über, ebenso in Betrieben, die genaue Klimatisierung verlangen und bei denen die Sonneneinstrahlung durch Fenster erhebliche Schwierigkeiten macht (Textil- und Kunstfaserindustrie). Bei Wohnräumen soll möglichst offene Verbindung mit der Umgebung bestehen, aber kostspielige Bauelemente sollen nur soweit verwandt werden, als sie dieser Aufgabe tatsächlich dienen können. Auch darf nicht übersehen werden, daß uns die moderne Technik in bezug auf künstliche Beleuchtung und Belüftung Mittel in die Hand gibt, die die natürlichen Möglichkeiten übertreffen.

III. Die Heizungsanlagen

Die Ausführungsformen der Heizungsanlagen sind ungemein zahlreich, und trotz der langen Entwicklungsgeschichte kann nicht gesagt werden, daß ein bestimmtes System sich gegenüber anderen eine eindeutige Überlegenheit errungen hat, wie das auf dem Gebiet der Beleuchtung mit der elektrischen Beleuchtung gelungen ist.

Die zahlreichen Heizungsformen, die heute nebeneinander existieren, lassen sich am besten nach dem Ort, wo die Wärme entbunden wird, in drei Gruppen einordnen, in die Einzelheizung, die Sammelheizung und die Fernheizung. Für unsere Betrachtung ist diese Einteilung besonders deshalb geeignet, da in jeder dieser Gruppen die Verbindung der Heizungsanlage mit dem Bau besondere Kennzeichen aufweist. Der Brennstoff muß als solcher bis zur Feuerstätte transportiert werden, die Verbrennungsprodukte müssen von dort an die Umgebung abgeführt werden.

1. Einzelheizung

Bei der Einzelheizung findet die Wärmeentwicklung in jedem zu beheizenden Raum statt. Der Brennstoff muß möglichst nahe an der Feuerstätte in einer Menge, die für einen erheblichen Teil der jährlichen Heizzeit ausreicht, getrennt und abgeschlossen gelagert werden. In Häusern, die von einer größeren Zahl von Mietern bewohnt werden, muß für jede Partei ein Brennstoffraum geschaffen werden. Praktisch kommt hierfür nur der Keller in Frage. Mit Rücksicht auf die Verschmutzung muß der Brennstoffraum von den Lagerräumen für Lebensmittel gesondert sein. Bei mehrstöckigen Häusern ergeben sich erhebliche Transportwege bis zu den zu beheizenden Räumen. Daher ist bei der Wahl der Brennstoffe der Gesichtspunkt guter Speicherbarkeit bei geringem Gewicht und auf kleinem Raum wesentlich. Hoher Heizwert und Staubfreiheit sind entscheidend. Hoher Aschegehalt ist unerwünscht, da der Arbeitsaufwand für Entfernung der Rückstände mit ihrer Menge wächst. Die Eignung verschiedener Brennstoffe wird in Abschnitt IV,2 besprochen.

Eine Sonderstellung nimmt Gas ein, das durch Leitungen bis zum Ofen geführt wird und rückstandfrei verbrennt. Vorratsräume entfallen.

Die Abführung der Verbrennungsgase erfordert ein System von Schornsteinen, an das alle Brennstätten angeschlossen sind. Dieses System muß ebenso wie die Brennstoffvorratsräume beim Hausbau geschaffen werden und läßt sich nicht nachträglich einbauen. Schornsteine müssen, um gute Zugverhältnisse zu schaffen, und Kondensatbildung zu vermeiden, in den Innenwänden liegen. Daher lassen sich die Heizöfen ebenfalls nur in Schornsteinnähe aufstellen. Die Einzelheizung ist also in bezug auf den Ort der Wärmeentbindung nicht frei. Versuche, Gasöfen an den Außenwänden unter den Fensternischen aufzustellen und die Abgase ohne Schornstein ins Freie zu führen, haben sich nur in geringem Umfang durchgesetzt.

Der Einzelofen läßt sich den verschiedensten Brennstoffen und verschiedenartigen Betriebsbedingungen anpassen. Bei festen Brennstoffen wird die Wärme vom Brennraum durch seine Umfassungswände an den zu beheizenden Raum durch Konvektion und Strahlung übertragen. Je nach Material und Stärke dieser Wände können Öfen mit großer Trägheit geschaffen werden, die bei täglich einmaliger Heizung die Wärme gleichmäßig abgeben (Kachelofen) oder Dauerbrandöfen, deren Abbrand sich dem Wärmebedarf weitgehend anpaßt. Je kleiner bei einer bestimmten Wärmeabgabe die Außenflächen sind, desto größer werden die Oberflächentemperaturen, desto höher wird der Strahlungsanteil, der bei hohen Flächentemperaturen unangenehm empfundene Beträge annehmen kann. Schon bei Oberflächentemperaturen von über 90° C besteht die Möglichkeit der Staubverschwelung und damit der Luftverschlechterung.

Der *Ofenwirkungsgrad* (Verhältnis der an den Raum übertragenen zu der im Brennstoff zugeführten Wärme) läßt sich bei allen Einzelöfen in der Höhe von 70...80% halten, wenn man für vollkommene Verbrennung sorgt und Abgase weitgehend abkühlt. Bei primitiven Ofenbauarten und schlechter Bedienung kann allerdings der Wirkungsgrad auf unter 50% sinken.

Der *Bedienungsaufwand* (Brennstofftransport, Ofenbeschickung, Entaschung, Reinigung) ist bei festen Brennstoffen erheblich und sollte beim Vergleich verschiedener Heizsysteme auch dann in Rechnung gestellt werden, wenn er nicht in Geld bezahlt werden muß. Bei Gasöfen geht er auf sehr niedrige Werte zurück.

Die *Anlagekosten* für die Öfen allein sind niedrig. Für einen gerechten Vergleich mit Zentralheizung muß aber bei den Baukosten der Mehraufwand für Schornsteine und für Brennstoffkeller berücksichtigt werden sowie die Beanspruchung von Nutzraum, die bei Einzelheizung zur Erhöhung des umbauten Raumes führt.

Im Rahmen dieser grundsätzlichen Betrachtung sollen Zwischenformen übersprungen werden, von denen z. B. der Kachelofen für zwei oder drei benachbarte Räume noch zu den Einzelöfen zählt, die Warmwasserstockwerksheizung dagegen den Übergang zu der Zentralheizung bildet. Die Bedeutung dieser Zwischenformen ist gering.

2. Die Zentralheizung

Sie ist dadurch gekennzeichnet, daß in jedem Haus für alle zu beheizenden Räume nur eine Brennstelle vorhanden ist. Die dort entbundene Wärme wird an ein Zwischenmittel (Luft, Dampf, Wasser) übertragen, das in die zu beheizenden Räume geleitet, dort abgekühlt und zum Heizraum zurückgeführt wird. Warmluft als Zwischenmittel wird nur in Sonderfällen verwendet (z. B. bei Einfriergefahr). Weite Verbreitung hat Dampf von einigen Zehntel at Überdruck, der aber, soweit es sich um die Wohnraumbeheizung handelt, von der Warmwasserübertragung fast vollkommen verdrängt ist. Der Grund hierfür liegt trotz der höheren Anlagekosten darin, daß keine zur Staubverschwelung führenden Heizkörpertemperaturen auftreten, und daß man die Heizung generell regeln kann — also durch Änderung der Vorlauftemperatur im Kessel sich dem mit der Außentemperatur wechselnden Wärmebedarf anpassen kann. Wegen ihrer überragenden Bedeutung für die Wohnraumbeheizung befassen wir uns im folgenden nur mit der Warmwasserheizung. Sie wird im allgemeinen als Schwerkraftheizung ausgeführt, wobei das Heizmittel infolge der verschiedenen spezifischen Gewichte des Wassers im Vorlauf und Rücklauf selbsttätig umläuft, bei räumlich ausgedehnten Objekten besonders aber bei der zentralen Beheizung mehrerer Gebäude als Pumpenheizung.

Die Vorteile der Zentralheizung werden um so mehr wirksam, je mehr Räume von einer Zentrale aus beheizt werden. Gegenüber der Einzelheizung besteht der grundsätzliche Vorteil, daß die Heizflächen beliebig im Raum angeordnet und unterteilt werden können. Man kann sie an den Stellen stärkster Abkühlung (unter Fenstern) anbringen und gleichzeitig vermeiden, daß Nutzraum verloren geht. Man kann Fußboden und Decke beheizen und im letzteren Fall besonders günstige Temperaturverteilung im Raum erzielen. Die Oberflächentemperaturen liegen bei tiefster Außentemperatur unter 90° C, werden also nicht unangenehm empfunden und vermeiden die Staubverschwelung. Bei Deckenheizung muß man allerdings unter 35° C bleiben, was nur bei wärmedichten Räumen ausreichende Beheizung gewährleistet. Infolge dieser Temperaturen braucht man große und daher teure Heizflächen. Auch das Rohrleitungssystem wird bei Heizkörpern an Außenwänden teurer, als wenn die Heizflächen ähnlich wie Öfen an den Innenwänden liegen. Bei Wohnungen mit kleinen Zimmern und gut schließenden Fenstern und Türen lassen sich die billigeren Innenwandheizkörper durchaus verantworten, ohne daß im Raum eine unangenehm empfundene Temperaturschichtung auftritt. Der Heizkessel muß im Keller an der tiefsten Stelle aufgestellt werden, der für das ganze Haus gemeinsame Brennstoffvorratsraum muß günstig zum Heizkessel für die Brennstoffanfuhr und Ascheabfuhr liegen. Heizkessel können allen Brennstoffen angepaßt werden. Von festen Brennstoffen ist am geeignetsten Koks. Die Verbrennung von Rohbraunkohle verlangt raumbeanspruchende Sonderfeuerungen und niedrigere Heizflächenbelastung. Der Bedienungsaufwand ist bei Braunkohlenbriketts höher als bei Koks. Sowohl Gas wie Öl lassen sich gut automatisch regeln, vermindern daher den Bedienungsaufwand weitgehend. Der Wirkungsgrad richtig bedienter Zentralheizungskessel liegt je nach Eignung der Brennstoffe zwischen 70 und 80%, kann aber bei schlechter Bedienung und ungeeigneten Brennstoffen erheblich absinken.

Gegenüber Einzelfeuerungen sind die Anlagekosten für Schornstein und Brennstoffräume geringer. Die Gesamtheizungsanlage ist aber beträchtlich teurer. Die Bedienungskosten sind gegenüber Einzelanlagen um so günstiger, je größer die Anlage, je besser geeignet der Brennstoff und je stärker automatische Regelung eingebaut ist. Die Betriebskosten sind weitgehend durch den Wärmepreis des Brennstoffs bedingt (DM/10^6 kcal).

Die Hauptschwierigkeit der Zentralheizung gegenüber der Einzelheizung liegt in der Kostenverteilung auf eine große Anzahl von Wärmebeziehern. Eine exakte Messung der bezogenen Wärme ist wegen der hohen Kosten der Meßeinrichtung wirtschaftlich unmöglich. Einfache Meßeinrichtungen zur Schätzung der Verteilung haben sich aber gut bewährt und setzen erfahrungsgemäß den Brennstoffaufwand gegenüber der Verrechnung nach Pauschaltarif, bezogen auf beheizten Raum oder eingebaute Heizfläche, erheblich herunter. Der Übergang von der Einzelheizung mit festen Brennstoffen zur zentralen Beheizung liegt im Zug eines verbesserten Lebensstandards, und es werden infolge der Annehmlichkeiten in gewissen Grenzen erhöhte Heizkosten in Kauf genommen. Es erscheint durchaus gerechtfertigt, daß für zentralbeheizte Wohnungen höhere Mieten verlangt werden als für einzelbeheizte.

3. Fernheizung

Die Zusammenfassung mehrerer Gebäude zu einem Block und schließlich die Beheizung ganzer Stadtviertel von einer in günstiger Entfernung gelegenen Zentrale, die Fernheizung, entspricht einer Entwicklungsrichtung, die auf verschiedenen technischen Gebieten sich bereits vollkommen durchgesetzt hat (Wasser-, Gas-, Elektrizitätsversorgung), der aber bei der Wärmeversorgung erhebliche wirtschaftliche Schwierigkeiten gegenüberstehen.

Für die einzelnen Wärmeverbraucher ergibt sich der Vorteil, daß innerhalb eines Hauses sich keine Feuerstätte befindet, daß für die Beheizung weder ein Schornstein noch Räume als Brennstofflager erforderlich werden, daß der für den Anschluß an die Fernleitung benötigte Platz wesentlich kleiner als der für Heizkessel ist, und daß sich die Bedienung der Anlage so weit automatisieren läßt, daß auch bei größeren Anlagen keine ständige Bedienung, sondern nur eine Überwachung notwendig wird. Die Lage des Anschlußraumes ist unabhängig von den Zufahrtverhältnissen. Gegenüber Zentralheizungen wird die Zufahrtsstraße von Brennstoffzufuhr und Ascheabfuhr entlastet. Die Rauch-und Staubbelästigung entfällt für die geschlossen zentralbeheizten Stadtviertel. Diese Vorteile müssen aber mit sehr erheblichem finanziellen Aufwand erkauft werden. Die Wärme läßt sich in Form von Dampf, von Warmwasser oder Heißwasser verteilen. Je größer die Entfernungen von den Verbrauchern bis zur Zentrale sind, desto höher muß in den Verteilungsleitungen der Dampfdruck bzw. die Vorlauftemperatur sein. Der Wirkungsgrad der Verteilung ist bei voll ausgelasteten Leitungen, wenn also die Anschlußfähigkeit voll ausgenutzt wird, und bei tiefen Außentemperaturen sehr hoch. Es lassen sich auch in ausgedehnten Verteilungsnetzen bei voller Belastung Übertragungswirkungsgrade bis zu 90% erreichen. Da aber die absoluten Verluste fast unabhängig von der Belastung sind, werden die Wirkungsgrade bei Schwachlast — also hohen Außentemperaturen — ungünstig.

Fernheizwerke finden ihre wirtschaftliche Grenze in den Kosten des Verteilungsnetzes. Je höher die Dichte des Wärmeverbrauchs, desto kleiner werden die spezifischen Verteilungskosten. Auch unter günstigen Verhältnissen werden die Anlagekosten bei Fernbeheizung höher als bei Einzelheizung oder Zentralheizung des gleichen Versorgungsgebietes. Trotz dieser Mehrkosten kann eine Fernheizung wirtschaftlich sein,

1. weil sich in der Zentrale Brennstoffe mit niedrigerem Wärmepreis verfeuern lassen und geringere Anfuhrkosten entstehen,

2. weil die aus Brennstoff entwickelte Wärme zunächst weitgehend in einer Kraftmaschine nutzbar gemacht werden kann und deren Abwärme zur Raumheizung dient,

3. da der Bedienungsaufwand wesentlich kleiner als bei Zentralheizung und besonders bei Einzelheizung ist. Voraussetzung für die Bewertung dieses Punktes ist natürlich, daß die Bedienungskosten auch bei Einzelheizung richtig eingesetzt werden.

Die hygienischen Vorteile der Fernheizung treten aber nur in Erscheinung, wenn bei den Fernheizwerken alle Maßnahmen getroffen wurden, um die Belästigung der Umgebung durch Rauch und Flugasche sowie durch Lärm zu verhindern. Daß dies beim heutigen Stand der Technik möglich ist, zeigen die nach den Vorschlägen von Professor Dr. Hencky im Stadtzentrum von München errichteten Fernheizwerke [4]. Voraussetzung hierfür ist die Verwendung geeigneter asche- und schwefelarmer Brennstoffe, Einrichtungen zur weitestgehenden Rauchgasentstaubung und sorgfältige Überwachung dieser Anlagen.

Wenn all diese technischen Voraussetzungen geschaffen sind, werden Fernheizanlagen in um so größerem Umfang wirtschaftlich wettbewerbsfähig sein, je mehr es gelingt, die Kosten der Verteilungsleitungen zu senken. Wie die Kosten der elektrischen Stromübertragung durch Spannungserhöhung gesenkt werden können, so lassen sich bei Fernleitungen der Wärme die Leitungsquerschnitte und damit ihre Kosten durch Übergang zu höheren Vorlauftemperaturen bei Heißwasserverteilung, durch höhere Drücke bei Dampfverteilung senken. Bei Kupplung mit Krafterzeugung sinkt dadurch allerdings die Menge der in den vorgeschalteten Kraftanlagen gewinnbaren Energie. Aus der Berücksichtigung der gewinnbaren Arbeit und der Kosten des Verteilungsnetzes ergibt sich eine optimale Vorlauftemperatur. Für die Kosten des Verteilungsnetzes ist ferner die Art der Leitungsverlegung maßgebend. Soweit Fernleitungen durch nicht bebautes Gelände führen, werden die isolierten Leitungen am billigsten auf gemauerten Podesten verlegt. Höhere Kosten erfordert die Verlegung auf Masten, die z. B. innerhalb des Werkgeländes zweckmäßig sein kann. In Wohnvierteln kommt nur die unterirdische Verlegung in Frage. Während früher begehbare oder bekriechbare Kanäle üblich waren, wendet man heute nur noch Kanäle an, deren Profil möglichst eng an die isolierten Leitungen sich anschließt.

Bei neuen Siedlungen können alle Leitungen so verlegt werden, daß die Gesamtkosten möglichst klein werden. Man wird dabei für die spezifisch teuersten Leitungen, nämlich Heizleitungen und Kanäle, die einfachsten Wege wählen und die übrigen Leitungen nach ihnen ausrichten. Bei der Verlegung der Heizkanäle in alten Stadtvierteln entstehen entweder durch die Verlegung vorhandener Kanäle und Leitungen große zusätzliche Kosten oder das Unterfahren dieser Leitungen verteuert die Kosten der Heizkanäle. Sorgfältigste Projektierung ist auch hier Voraussetzung für eine wirtschaftliche Lösung.

Während die Einzelheizung ohne weitgehende wärmetechnische Kenntnisse vom Architekten geplant werden kann und die Aufstellung der Öfen sich leicht in die Arbeiten des Innenaufbaus einfügt, ist bei der Zentralheizung bei Bauentwurf und Ausführung engste Zusammenarbeit zwischen Architekten und Heizungsingenieur erforderlich. Besonders bei Heizungssystemen, die eng mit dem Bau verbunden sind, wie z. B. bei der Deckenheizung oder der Fußbodenheizung, ist genaue zeitliche Abstimmung des Bauverlaufs notwendig. Bei der Fernheizung muß ferner die Entwicklung des Heizwärmebedarfs mit der Entwicklung des Bedarfs an elektrischer Energie berücksichtigt werden. Während neuzeitliche Siedlungen mit Einzelbeheizung nur die gesicherte Lieferung der fabrikmäßig hergestellten Öfen verlangt, müssen bei zentralbeheizten Bauten die Lieferungen von Rohrleitungen, Kesseln und Heizkörpern sichergestellt werden. Das erfordert ausreichende Kapazität der entsprechenden Herstellungsbetriebe. Die bei Heizkraftwerken erforderlichen Hochdruckkessel und Turbinen verlangen Lieferzeiten, die ein vielfaches der Bauzeiten für neue Siedlungen betragen, so daß, sofern nicht freie Kapazitäten bei bestehenden Fernheizwerken verfügbar sind, neue Siedlungen nicht von vornherein fernbeheizt werden können. Man ist vielmehr häufig gezwungen, zunächst Einzel- und Zentralheizung behelfsmäßig einzubauen, und erst nach Fertigstellung des Heizkraftwerkes auf Fernleitung umzustellen. Solche Zwischenlösungen bedingen aber, daß die Anlage im Endausbau höhere Kosten erfordert, als wenn die Bauten sofort an die Fernheizung angeschlossen werden. Besonders bei Einzelheizungen sind zusätzliche Kosten für Schornsteine und Brennstoffkeller entstanden, die Raumeinteilung läßt sich nicht gleich zweckmäßig gestalten. Etwas günstiger ist es, wenn man als Provisorium die Zentralheizung legt. Es braucht dann bei Umstellung auf Fernheizung an Heizkörpern und Leitungen innerhalb der Wohnungen nichts verändert zu werden, lediglich die Kesselanlage wird durch den weniger Platz erfordernden Hausanschluß ersetzt. Als provisorische Kesselanlagen kann man alte Niederdruckkessel, Lokomotivkessel oder Lokomobilen verwenden, die im Freien aufgestellt werden. Auch fahrbare Niederdruckkessel mit Ölfeuerung haben sich bewährt.

Die besten Voraussetzungen für eine wirtschaftliche Stadtheizung bietet aber immer eine weit vorausschauende Stadtplanung, bei der die zweckmäßigste Art der Beheizung für jedes Stadtgebiet festgelegt und, soweit Fernheizung in Frage kommt, die notwendigen Anlagen im Heizkraftwerk so rechtzeitig geplant werden, daß die Gebäude sofort bei der Fertigstellung in der vorgesehenen Endform beheizt werden können.

IV. Energiewirtschaftliche Fragen der Raumheizung

1. Benutzungsdauer

Die verschiedenen Energiequellen, die zur Deckung aller Energie verbrauchenden Vorgänge zur Verfügung stehen, müssen so eingesetzt werden, daß sie sich den Eigenarten der einzelnen Energieverbraucher möglichst gut anpassen. Der Verbrauch für Raumheizung ist bei unserem Klima dadurch gekennzeichnet, daß nur an jährlich etwa $Z = 220$ Tagen ein Verbrauch vorhanden ist, und daß er während dieser Zeit zwischen 0 und einem Höchstwert schwankt. Dieser Höchstwert ist bedingt durch die größte Temperaturdifferenz Δt, die zwischen der geforderten Raumtemperatur t_r und der tiefsten Außentemperatur t_a auftritt. Der Wärmebedarf wird gekennzeichnet durch die Gradtage G_t. Mit $t_r = 19°$ C liegen die Gradtage für die meisten Gegenden Deutschlands zwischen 3000 und 3500 je Jahr. Darunter liegen nur einige Orte im Rheinland, darüber Orte in großer Höhe.

Multipliziert man G_t mit der täglichen Zahl der Heizstunden v, so ergeben sich die jährlichen Gradstunden $= G_t \cdot v$. Beträgt der Wärmebedarf des zu beheizenden Raumes je Grad Temperaturunterschied $q \left[\frac{\text{kcal}}{\text{grd h}}\right]$, so ist der jährliche Wärmeverbrauch

$$Q_a = q \cdot G_t \cdot v \left[\frac{\text{kcal}}{\text{a}}\right].$$

Die Heizungsanlage wird für eine größte Temperaturdifferenz Δt ausgelegt. Bei gleichmäßiger Vollbelastung während des ganzen Jahres könnte sie jährlich eine Wärmemenge

$$Q_{\max} = q \cdot \Delta t \cdot 8760 \left[\frac{\text{kcal}}{\text{a}}\right]$$

erzeugen. Das Verhältnis Q_a/Q_{max} heißt der Ausnutzungsfaktor

$$a = \frac{Q_a}{Q_{max}} = \frac{G_t \cdot v}{\Delta t \cdot 8760}.$$

Anstelle des Ausnutzungsfaktors a benutzt man auch häufig die Benutzungsdauer

$$b = a \cdot 8760 = \frac{G_t \cdot v}{\Delta t},$$

die angibt, wieviel Stunden im Jahr die Heizung vollbelastet arbeiten müßte.
Mit $G_t = 3000 \div 3500$, $v = 10$ h/Tag und $\Delta t = 34$ grd wird $b = 880 \div 1030$ h/a. Die Benutzungsdauer der Heizungsanlagen ist also viel niedriger als die der Kraftwerke, die zwischen 4000 und 7000 h/a liegen kann.

Deshalb spielen von den drei wichtigsten Kostenanteilen — den Brennstoffkosten, den Bedienungskosten und den Anlagekosten — die letzteren eine sehr wichtige Rolle. Bei allen schlecht ausgenutzten Anlagen muß man niedrige Anlagekosten anstreben. Da nun Dampfheizung etwa dreimal so teuer, Warmwasserheizung fünfmal so teuer als einfache Ofenheizung ist — z. B. mit transportablen Kachelöfen —, so ist dies der Grund, warum sich die Zentralheizung und Fernheizung gegenüber der Einzelheizung so schwer durchsetzt. Diese Zahlen gelten ohne Berücksichtigung der bei Zentralheizung möglichen baulichen Ersparnisse und besseren Raumausnutzung sowie ohne Berücksichtigung des geringeren Bedienungsaufwandes. Ferner ist es möglich, durch bessere Wandisolierung die Anlagekosten und Betriebskosten der Heizungsanlage zu verkleinern und damit den Mehraufwand für die Zentralheizung auf das Maß zu vermindern, das ihren Vorteilen gegenüber der Einzelheizung entspricht. Besonders wichtig ist die Senkung der Anlagekosten bei Heizkraftwerken. Hier empfiehlt sich, die der Heizung vorgeschaltete Kraftanlage nicht nach dem nur an wenigen Tagen im Jahr auftretenden Höchstbetrag, sondern für eine kleinere Leistung auszulegen, für die eine ausreichende Ausnutzung gewährleistet ist. Es lassen sich auch günstigere Benutzungsdauern erreichen, wenn die Wärmeversorgung für Raumheizung mit anderen Wärmeverbrauchern gekuppelt wird, die auch außerhalb der Heizzeit versorgt werden müssen. Diese Fragen lassen sich nicht allgemein, sondern nur von Fall zu Fall beurteilen. Durch Beachtung der örtlichen Verhältnisse können aber manchmal recht günstige Lösungen erreicht werden.

2. *Brennstoffversorgung*

Besondere Schwierigkeiten entstehen bei der Versorgung mit den für die Raumheizung geeignetsten Brennstoffen. Brennstoffe aller Art werden während des ganzen Jahres gleichmäßig gefördert, und es ist auch anzustreben, daß sie zur guten Ausnutzung der Transportmittel (Bahnen, Leitungen) gleichmäßig bis zu den Verwendungsorten transportiert, dort gelagert und entsprechend dem jahreszeitlich wechselnden Bedarf in Wärme umgesetzt werden. Soweit der Transport — wie bei Kohlen — mit allgemeinen Transportmitteln geschieht, kann der Brennstoff auch in den Zeiten transportiert werden, in denen andere Massentransportgüter — z. B. Lebensmittel — nicht anfallen. Dagegen sollen Sondertransportmittel — wie Gas- oder Ölleitungen — ganzjährig möglichst gleichmäßig ausgelastet werden. Als Brennstoffe kommen daher für die Raumheizung solche in Frage, die günstige Speichereigenschaften haben, d. h. die, bezogen auf den Heizwert, sich auf kleinem Raum möglichst bei Umgebungsdruck lagern lassen (siehe Tabelle I).

In Tabelle I sind die Speichereigenschaften verschiedener Brennstoffe zusammengestellt. Bei einer Schüttdichte ϱ [kg/m³] und einem unteren Heizwert H_u [kcal/kg] können je m³ $q = \varrho \cdot H_u$ [kcal/m³] gestapelt werden. Setzt man den für eine bestimmte Wärmemenge er-

Tabelle I

Schüttgewicht	ρ kg/m³	H_u kcal/kg	q kcal/m³	V/V_k
Rohbraunkohle	600	2000	1200000	2,9
Brikett, gestapelt	1000	4700	4700000	0,75
Koks	500	7000	3500000	1,0
Steinkohle	800	7500	6000000	0,58
Heizöl	1060	9150	9700000	0,36

forderlichen Speicherraum für Zechenkoks V_k gleich 1, so zeigt sich, daß Rohbraunkohle etwa den dreifachen Raum benötigt, dagegen gestapelte Braunkohlenbriketts 0,75 und Steinkohle 0,58, während Heizölbehälter nur 36% des Koksbunkerraumes benötigen.

Gas mit einem unteren Heizwert von $H_u = 3800$ kcal/m³ erfordert bei einem Druck nahe der Umgebung außerordentlich große und daher teure Speicherräume. Gegenüber Koks benötigt man den $\frac{3\,500\,000}{3800} = 920$ fachen Speicherraum. Daher kommt Gas in größerem Umfang für Raumheizung nur dann in Frage, wenn unterirdische Speicher nahe den Verbrauchsstellen vorhanden sind. Erdgas ist wegen seines hohen Heizwertes für den Ferntransport geeignet. Auch kann seine Förderung weitgehend dem jahreszeitlichen Bedarf angepaßt werden, da ja die Vorkommen natürliche Gasspeicher von gewaltiger Größe darstellen.

3. Elektrische Heizung

Als Wärmespender für Raumheizung kommt auch die elektrische Energie in Frage. Die Eignung dieser hochveredelten Energieform muß vor allem unter dem Gesichtspunkt beurteilt werden, aus welcher Rohenergie sie erzeugt wird. Bei mechanischen Energiequellen (Wasserkräfte, Gezeiten, Windkräfte) handelt es sich lediglich um mechanische Umformungen, die mit sehr hohem Wirkungsgrad möglich sind (etwa 70 ÷ 90%). Bei Erzeugung der elektrischen Energie aus Brennstoffen aller Art in Dampfturbinen werden dagegen in hochentwickelten Anlagen (Dieselmaschinen, Dampfturbinen, Gasmaschinen) höchstens 40% im Durchschnitt, aber, da noch veraltete Anlagen eingesetzt werden müssen, weniger als 20% in elektrische Energie umgesetzt. Vom Heizwert des Brennstoffes können daher nur 20% zur Raumheizung nutzbar gemacht werden, also nur $^1/_3$ bis $^1/_4$ der Energie, die bei unmittelbarer Verbrennung in irgendeiner Feuerung mit einem Wirkungsgrad von 60 bis 80% gewonnen wird. In einer kWh stecken also die 3—4fachen Kohlekosten wie bei direkter Verbrennung. Die Anlagekosten für den elektrischen Heizkörper sind zwar erheblich billiger als für andere Heizkörperarten gleicher Leistung, aber dazu kommen die Anlagekosten für das Kraftwerk und das Verteilungsnetz. Nur in dem Fall, daß durch die Heizleistung die Spitzenbelastung von Kraftwerk und Verteilungsleitung nicht erhöht wird, ergeben sich keine zusätzlichen Anlagekosten. Das ist im wesentlichen dann der Fall, wenn der Nachtstrom nicht für hochwertigere Zwecke abgesetzt werden kann. Da aber Heizwärme während des ganzen Tages, teilweise auch während der Belastungsspitzen benötigt wird, muß der Strom über einen Speicher in Wärme umgeformt werden, der mit nicht verwendbarem Nachtstrom geladen und während der Heizzeit entladen wird. Keramische Speicher lassen sich ähnlich wie Kachelöfen mit nicht zu hohen Kosten ausbilden. Nur die Anlagekosten dieser Speicher und ihrer Zuleitungen sind also außer den Heizkörperkosten in Rechnung zu stellen. Dazu kommen die Stromkosten des Nachtstroms, die bei nicht speicherfähigen Wasserkraftwerken vernachlässigbar klein sind, bei Dampfkraftwerken aber mit dem 3—4fachen Kohlenpreis belastet werden müssen. Wirtschaftlichkeitsrechnungen zeigen, daß die Kosten mit elektrischer Speicherheizung nicht viel höher als zum

Beispiel bei Gasheizung sind und, solange freier Nachtstrom vorhanden ist, in beschränktem Umfang verwertbar sind. Dagegen ergibt unmittelbare Benutzung von Tagesstrom bei den üblichen Tarifen, z. B. dem Haushalttarif, wirtschaftlich untragbar hohe Kosten und ist mindestens so lange die gegenwärtige gespannte Versorgungslage besteht, auch energiewirtschaftlich nicht zu verantworten. Lediglich bei sehr kurzer Benutzungsdauer in vorübergehend benutzten Räumen kann unmittelbare elektrische Raumheizung in Betracht kommen. Die zeitweise angepriesene elektrische Strahlungsheizung als Großraumheizung ist energiewirtschaftlich abwegig. Dagegen kann die Gasstrahlungsheizung, wenn die Abführung der Abgase einwandfrei gelöst wird, für manche Zwecke geeignet sein.

V. Heizungsfragen beim Neuaufbau unserer Städte

Die Vernichtung von Wohnraum während des zweiten Weltkrieges erfordert eine weit größere Bautätigkeit wie vor dem Krieg. Besonders in stark zerstörten Städten handelt es sich dabei meist nicht darum, einzelne Wohnungsneubauten innerhalb wenig beschädigter Stadtviertel zu errichten, sondern vielmehr geschlossene Wohnviertel auf zerstörten Gebieten oder außerhalb der früheren Wohngebiete zu erstellen. Das Tempo dieser Erneuerung wird bedingt durch die verfügbaren Investitionsmittel, Werkstoffe und Arbeitskräfte. Da aber die Neubauten für mehrere Generationen die Höhe der Wohnkultur für weite Kreise der Bevölkerung festlegen, dürfen sie nicht als billige Behelfsbauten ausgeführt werden, sondern müssen den wachsenden Ansprüchen unserer und der kommenden Generationen Rechnung tragen, deren Befriedigung durch eine hochenwickelte Technik ermöglicht wird. Es ist selbstverständlich, daß man diese Neubauten mit neuzeitlicher zentraler Wasser-, Gas- und Stromversorgung ausrüstet. Aber auch die Raumbeheizung bedingt weitgehend die Bequemlichkeit des Wohnens. Während nun die Neubauwohnungen in bezug auf sanitäre Einrichtungen, Versorgung mit Gas und Strom gegenüber den Altwohnungen der technischen Entwicklung Rechnung tragen, bedeuten ihre Heizungseinrichtungen vielfach einen Rückschritt. Die Gründe hierfür liegen oft in der Schwierigkeit der Mittelbeschaffung für neuzeitliche Heizungseinrichtungen, häufig aber auch darin, daß die technischen Möglichkeiten für eine fortschrittliche Lösung dieser Aufgabe nicht rechtzeitig erkannt wurden.

Der Hauptgrund für diese Fehlentwicklung ist darin zu suchen, daß die Wärmedichtheit der Bauten nicht die gebührende Beachtung findet. Es wäre ohne Erhöhung der Baukosten möglich, den Wärmebedarf für die Beheizung und damit Leistung und Kosten der Heizungsanlage, Brennstoffverbrauch und Bedienungsarbeit um $^1/_3$ und mehr zu senken. In gleichem Maße läßt sich die Schwierigkeit der Beschaffung der Heizungsanlagen und der Versorgung mit geeigneten Brennstoffen vermindern. Das gilt unabhängig von dem Heizungssystem für die Einzelheizung ebenso wie für zentral- und fernbeheizte Bauten. Entspechend den ersparten Brennstoffen steigt die Kaufkraft der Bewohner für andere Bedarfsgüter.

Der Übergang zur zentralen Versorgung liegt im allgemeinen Zug der technischen Entwicklung, besonders wegen der dadurch möglichen Ersparnis an Arbeitskräften. Wie im Abschnitt IV gezeigt wurde, stehen dieser Entwicklung auf dem Gebiete der Raumheizung, also dem Übergang von der Einzelheizung zur zentralen und Fernwärmeversorgung erhebliche wirtschaftliche Schwierigkeiten entgegen. Die Wohnraumeinzelheizung wird auch in Zukunft besonders für kleinere Wohnbauten das wirtschaftlichste Heizungssystem darstellen. Die technischen Nachteile lassen sich durch Versorgung mit geeigneten Brennstoffen weitgehend vermindern. Der Neubau besonders städtischer Wohnraumviertel geht in Richtung vom Kleinhaus zum mehrstöckigen Gebäude, eine Entwicklung, die wohl hauptsächlich durch die Baukosten bedingt ist. Damit wird aber auch der Übergang von der Einzelheizung zur Zentralheizung wirtschaftlich erleichtert. Es ist Aufgabe unserer Brennstoffwirtschft, im Rahmen der Gesamtversorgung einen für Zentralheizungen geeigneten Brennstoff zur Verfügung zu stellen, der ebenso gut oder besser ist, als der früher allgemein verwandte Koks.

Die Fernheizung wird auch in Zukunft auf Sonderfälle beschränkt sein, in denen für dieses System besonders günstige Voraussetzungen, vor allem ausreichende Energiedichte, vorliegen. Das ist im allgemeinen im Zentrum von Großstädten der Fall, besonders wenn dort noch andere Wärmeverbraucher vorhanden sind, die mit der Raumheizung gekoppelt werden können und die jahreszeitlichen Schwankungen im Wärmebedarf mildern. Außerdem können Wohnsiedlungen in nicht zu großer Entfernung von Kraft und Wärme verbrauchenden Industrien oft sehr wirtschaftlich mit Abwärme beheizt werden. In Industriestädten mit nahe beieinander liegenden veralteten Wärmekraftanlagen kann eine zentrale neuzeitliche Versorgung in Verbindung mit Fernheizung umliegender Wohnbezirke zu technisch günstigen und wirtschaftlichen Lösungen führen.

Es ist nicht zu erwarten, daß sich in Zukunft ein einheitliches System für die Raumheizung durchsetzen wird, sondern Einzelheizungen werden ebenso wie Zentral- und Fernheizungen unter bestimmten Bedingungen ihre wirtschaftliche Berechtigung haben. Die Lösungen werden um so günstiger sein, je mehr in den zu beheizenden Bauten die Voraussetzungen für geringen Wärmeverbrauch geschaffen werden.

LITERATUR

[1] W. Caemmerer, Der Einfluß des Wärmeschutzes auf die Wirtschaftlichkeit von Wohn- und Bürogebäuden. Gesundheitsingenieur **80** (1959), S. 97/106.

[2] W. Pauer, Läßt sich die Wirtschaftlichkeit der Raumheizung verbessern? Gesundheitsingenieur 81 (1960), S. 33/38.

[3] Raiss u. Simson, Die Wirtschaftlichkeit verschiedener Fensterbauarten. VDI-Berichte Band 18/1957, S. 5–28.

[4] Münchens Heizkraftwerke und sein Wärmenetz. Energie **11** (1959), H. 7. Aufsätze von Hencky, Gondosch, Cremer, Prinke und Ammann.

ZUSAMMENFASSUNG

Behagliches Raumklima ist bedingt durch alle Vorgänge, die den Wärmeaustausch zwischen den in einem beheizten Raum befindlichen Menschen und ihrer Umgebung beeinflussen. Maßgebend für optimale hygienische und wirtschaftliche Verhältnisse ist die Baugestaltung, insbesondere die Wärmedämmung der Außenwände und der Fenster. Die verschiedenen Heizungssysteme (Einzel-, Zentral- und Fernheizung) können die zu stellenden Forderungen mehr oder weniger vollkommen erfüllen und lassen sich durch wirtschaftliche Erwägungen gegeneinander abgrenzen. Die starken jahreszeitlichen Schwankungen des Wärmebedarfs bedingen eine sehr niedrige Benutzungsdauer der Heizanlagen und verlangen Brennstoffe, die sich günstig speichern lassen. Die Entwicklung geht zwar ebenso wie bei der Elektrizitäts- und Gasversorgung in Richtung auf zentrale Wärmeversorgung größerer Gebiete, jedoch wird aus wirtschaftlichen Erwägungen die Einzelheizung und die Sammelheizung bei einzelnen Gebäuden auch weiterhin erhebliche Bedeutung haben.

W. Boie und F. Dittrich

Wärmeversorgungsanlagen der Technischen Hochschule Dresden

Einleitung

Der Wiederaufbau der Technischen Hochschule Dresden nach der Zerstörung durch den unseligen Bombenangriff vom 13. 2. 1945 und die großzügige Erweiterung der Technischen Hochschule als einzige polytechnische Hochschule der DDR erforderte eine umsichtige und den modernen Ansprüchen gerecht werdende Planung für die Versorgung mit allen Energiearten. Einen wesentlichen Bestandteil stellt die Versorgung mit Wärme für die Raumheizung, Warmwasserbereitung, Klimatisierung und Arbeitsdampfversorgung dar. Eine zusammenfassende Darstellung über deren Entwicklung und über den derzeitigen Stand der hierfür notwendigen Anlagen dürfte von allgemeinem Interesse sein.

1. Zielstrebige Planung

Das Gebäude am Bismarckplatz, heute Bayrischer Platz, in welchem die Technische Hochschule um die Jahrhundertwende untergebracht war, bot keinen Raum für die neuen Institute und Laboratorien, um die durch die stetig wachsende Entwicklung der Technik an das Hochschulstudium gestellten Anforderungen zu befriedigen. Im Jahre 1900 wurde mit dem Bau von Instituten auf dem Gelände südlich der George-Bähr-Straße begonnen. Der Baugrund wurde bereits im Jahre 1895/96 erworben [1]. Für die Versorgung der auf diesem Gebiet entstehenden Gebäude mit Wärme und elektrischer Energie wurde zur gleichen Zeit auf diesem Gelände ein Heizkraftwerk errichtet, das dem zeitlich wachsenden Bedarf angepaßt war.

Durch die stürmische Entwicklung der Neubauten für die Technische Hochschule nach den Jahren 1945 reichte das Heizkraftwerk mit seiner Kapazität nicht mehr aus. Es wurde nach Wegen gesucht, den immer mehr steigenden Wärmebedarf zu decken.

Der mit der Planung der Wärmeversorgung der Technischen Hochschule beauftragte erstgenannte Verfasser hat im Jahre 1950 Richtlinien aufgestellt, die im wesentlichen folgende Überlegungen beinhalten:

a) Die Art der Heizung muß den modernen technischen wie auch hygienischen Ansprüchen genügen.

b) Sie muß mit der Entwicklung Schritt halten, um auch noch nach Jahrzehnten den allgemeinen energiewirtschaftlichen Bestrebungen nicht zu widersprechen.

c) Der Brennstofflage von heute (1950) und der nahen Zukunft muß Rechnung getragen werden.

d) Die Forderungen eines neuzeitlichen Hochschulbetriebes für Wärmetechnik, Energiewirtschaft, Verfahrenstechnik, Maschinenlabor müssen berücksichtigt werden.

Dabei ist zu den einzelnen Forderungen folgendes zu sagen:

Zu a) Die ideale Lösung ist die zentral versorgte Warmwasserfernheizung. (Heiztemperatur unter 100° C, Wegfall zahlreicher Feuerstätten und Brennstofflager, Vereinfachung des Brennstoff- und Aschentransportes, gute wärmewirtschaftliche Brennstoffausnutzung.)

Zu b) Die Entwicklung der nächsten Jahre und Jahrzehnte muß dahin gehen, daß es in Großstädten keine kohlebeheizten Einzelfeuerstätten mehr gibt. (Umwandlung der Kohleenergie in Gasenergie oder flüssige Treibstoffe unter Gewinnung chemischer Rohstoffe.) Für Haushaltungen wird nur noch Braunkohlengas aus Fernleitungen zur Verfügung stehen. Geschlossene Industriesiedlungen werden mit Dampf aus dezentralisierten Heizkraftwerken (Abwärmeverwertung) versorgt, die gleichzeitig einen Teil der elektrischen Spitzenlast abdecken. Diese Werke liefern ferner Heißwasser für die Fernheizung der umliegenden größeren Gebäudekomplexe (Radius: 3 bis 4 km).
Dieser energiewirtschaftlichen Entwicklung wird gerade in Dresden beim Wiederaufbau der zerstörten Stadt in weit vorausschauendem Maße Rechnung getragen werden müssen. Die Fernheizung der Technischen Hochschule darf sich dieser Entwicklung nicht hindernd in den Weg stellen, sondern muß beispielgebend und vorbildlich, der Zeit vorauseilend, aufgebaut sein.

Zu c) Der heutigen Brennstofflage nach müßte Rohbraunkohle verwendet werden, was jedoch der Bedingung unter b) widerspricht. Je nach den gerade zur Verfügung stehenden Brennstoffarten ist aber eine Anpassungsfähigkeit an mehrere Brennstoffe (Braunkohlenschwelkoks, Brikettabrieb, Steinkohlengrus, Briketts, Koksgrus usw.) wünschenswert. Das setzt eine Staubfeuerung voraus.

Zu d) Die Hochschule braucht zur Ausbildung von Wärme- und Energieingenieuren eine technisch auf neuesten Stand gebrachte Musteranlage als Beispiel, die Versuchsobjekt und Prüffeld zur Durchführung von Untersuchungen und Entwicklungsarbeiten bildet. Ferner wird Hochdruckdampf für Labor- und Forschungszwecke benötigt.

Nach diesen Überlegungen wurden folgende Möglichkeiten aufgezeigt:

1.1 Erweiterung des vorhandenen Heizkraftwerkes

Obwohl eine Erweiterung nach dem Osten grundsätzlich möglich gewesen ist, ergaben sich nach dem damaligen Stand der Planung folgende Schwierigkeiten:

1.1.1 Die Brennstoffanfuhr mittels Lastkraftwagen ist für eine große Menge auf die Dauer unwirtschaftlich und würde nach Jahrzehnten noch mehr als unglückliche Lösung angesehen werden als heute. Eine Anfuhr mittels Straßenbahn über Reichs-, Münchner-, Hettner-Straße bereitet wegen der steilen Reichsstraße Schwierigkeiten. Bei großer Verkehrsdichte ist die Anfuhr nur nachts möglich. Der Transport der Kohle durch die Innenstadt ist keineswegs vorteilhaft.

1.1.2 Wegen der schwierigen Brennstoffanfuhr ist ein genügender Brennstoffvorrat zu schaffen. Brikettabrieb, Grus usw. dürfen wegen der Staubgefahr nicht frei gelagert werden. Das zwingt zu einem geschlossenen Bunker. Bei gleichmäßiger Verteilung der Anfuhr auf 300 Werktage im Jahr wird ein Speicherraum von mindestens 5000 t erforderlich. Das ergibt bei einem zweischiffigen Hochbunker von 14 m Breite, 20 m Höhe (bis Dachoberkante) eine Baulänge von etwa 40 m. Die Kosten werden einschließlich der maschinellen Anlagen auf etwa DM 650000,— geschätzt.

1.1.3 Es ist ein zweiter Schornstein zu errichten. Zwar kann bei Anwendung neuzeitlicher Entstaubungseinrichtungen ein Staubaustrag aus dem Schornstein praktisch vermieden werden, was in der Umgebung der Institute mit Feinmeßgeräten eine unbedingte Notwendigkeit ist, so bereiten doch die mit der Ascheabscheidung und dem Aschetransport verbundenen Einrichtungen unangenehme zusätzliche Erschwernisse, zumal im Winter bei Spitzenlast stündlich etwa 4 t Asche anfallen werden.

Eine Erweiterung des vorhandenen Heizkraftwerkes zur Deckung der gesamten zusätzlichen Wärmeleistung dürfte aus den eben geschilderten Gründen nicht zu empfehlen sein.

1.2 Errichtung einer neuen Heizzentrale

Aus den gleichen Gründen wie unter 1.1 ist der Bau eines neuen Kraftwerkes im Hochschulgelände nicht möglich. Als günstiger Standort käme das Gelände der Reichsbahn in der Nähe der Nossener Brücke in Frage. Es wäre aber kurzsichtig, wollte man dort in dem ausgesprochenen Industriebereich nur ein ausschließlich den Hochschulzwecken dienendes Heizwerk errichten. Einem Heizkraftwerk würde dort im Zuge einer großzügigen Stadtplanung die Aufgabe der Wärme- und Energieversorgung der umliegenden Industrie in größerem Umfange zufallen. Andererseits würde es über das Aufgabenbereich der Hochschule hinausgehen, wenn die Hochschule ein der öffentlichen Energieversorgung dienendes Werk in eigener Regie betreibt.

Diese Überlegungen führen also dahin, daß die Wärmeversorgung der Hochschule nicht ohne Abstimmung mit der Stadtplanung und der Planung der Energieversorgung der Stadt gelöst werden kann, wenn man weitschauend und fortschrittlich planen will.

Aus diesem Grunde wurde Fühlung aufgenommen mit dem KWU-Dresden (Stadtheizung) durch Verhandlung mit den Herren Dr. *Mann* und Dipl.-Ing. *Kußmann*, am 10. 7. 1950. Ferner am 8. 8. 1950 mit dem Energiebezirk-Ost, den Herren Hauptdirektor *Fischer* und Dr.-Ing. *Stimmel*, am 9. 8. 1950 mit Herrn Dipl.-Ing. *Schreier* vom Energiebezirk-Ost, am 10. 8. 1950 nochmals mit Herrn Dr. *Mann* vom KWU-Dresden, Herrn Dipl.-Ing. *Hunger*, an welcher Besprechung die Herren Dr. *Mann*, Dipl.-Ing. *Kußmann* und Dipl.-Ing. *Preibisch* vom KWU teilnahmen. Bei dieser Aussprache kam zutage, daß im Rahmen der Stadtplanung die Energie- und Wärmeversorgung der Wohn- und Industriegebiete — obwohl dies ein dringendes Erfordernis ist — noch nicht behandelt wurde [2]. Die vorgetragenen Gedanken über die notwendige zukünftige Entwicklung einer fortschrittlichen zentralen Wärmeversorgung wurden beifällig aufgenommen.

Um alle Möglichkeiten zu prüfen, wurde noch in der zweiten Hälfte des Jahres 1950 Fühlung mit der Reichsbahn aufgenommen, um zu klären, welche Planung bezüglich der Streckenführung Dresden — Freiberg und der Umgestaltung des Hauptbahnhofes zum Durchgangsbahnhof bestehen, da die Aussicht gegebenenfalls bestand, hierdurch einen passenden Gleisanschluß in Hochschulnähe zu erhalten. Außerdem schien die Beheizung der zum Hauptbahnhof gehörigen Gebäudekomplexe noch nicht endgültig gelöst, so daß die Reichsbahn vor einer ähnlichen Situation wie die Hochschule stand. Die Verhandlungen wurden eingestellt, weil die Lösung dieser Fragen noch in zu weiter Ferne zu liegen schien.

Unabhängig von diesen Überlegungen und Projekten beauftragte die Technische Hochschule am 28. 4. 1951 den VVB Industrie-Entwurf Berlin mit der Projektierung der Wärmeversorgung für den weiteren Ausbau der Hochschule. Es wurde ein Projekt vorgeschlagen, das vollkommen unabhängig von der Wärmeversorgung der Stadt ein Heizkraftwerk am südlichen Ende der Paradiesstraße vorsah, welches mittels Straßenbahn mit Brennstoff versorgt werden sollte, die diesen an der Strehlenerstraße in der Nähe des Thälmann-Platzes von der Reichsbahn übernimmt. Eine solche Kohleumladestelle inmitten des Wohngebietes stellt jedoch eine so unglückliche Lösung dar, daß dieses Projekt nicht weiter verfolgt wurde.

1.3 Fernwärmeanschluß

Die dargelegten Umstände und obenangeführten Besprechungen ergeben eindeutig als günstigste Lösung die Versorgung der Technischen Hochschule durch einen Fernwärmeanschluß.

Das Heizkraftwerk am Fritz-Heckert-Platz wird in der Leistung gesteigert (vorgesehener Plan) und wäre dann in der Lage, die Innenstadt und die Friedrichstadt mit Wärme zu versorgen. Da die volle Leistung aber erst nach Jahren ausgenutzt werden kann, sollte erwogen werden, sofort das Hochschulgelände an die vorhandene Fernheizung anzuschließen. Mit dem weiteren Aufbau der Innenstadt muß nach und nach die Südvorstadt (Hochschule, Landgericht usw.) durch ein neues Heizkraftwerk an der Nossener Brücke versorgt werden.

Für Hochschulzwecke (Lehre, Forschung) bleibt das Hochschulheizkraftwerk bestehen und wird auf neuzeitlichen technischen Stand gebracht und würde etwa $^1/_3$ der gesamten erforderlichen Wärmeleistung decken. Dies ist schon aus dem Grunde nötig, da die Niederdruckdampfheizung weiterbestehen bleibt, die Stadtheizung aber nur mit Heißwasser arbeiten kann. Da dem KWU Investitionsmittel nicht zur Verfügung stehen, wären die Mittel für den Anschluß an das Stadtnetz über den Hauptbahnhof von der Hochschule zur Verfügung zu stellen.

1.4 Beschlußfassung

Das waren die richtungweisenden Gedanken des erstgenannten Verfassers im Jahre 1950. Sie wurden erst im Jahre 1955 wieder aufgegriffen und einer Lösung zugeführt. In der Zwischenzeit wurde die Versorgung der neuentstandenen Institute und Gebäude durch lokale Heizzentralen durchgeführt und das alte Hochschulgelände weiterhin vom Hochschulheizkraftwerk versorgt. Der finanzielle Aufwand für die neuen Heizzentralen sowie die ungünstige Wirtschaftlichkeit ließen es ratsam erscheinen, die Wärmeversorgung einer endgültigen und heutigen Ansprüchen gerecht werdenden Lösung zuzuführen. Dies konnte nur der Anschluß an das Fernwärmenetz der Stadt Dresden sein.

Am 5. 2. 1955 fand unser dem Vorsitz des Rektors der Technischen Hochschule Dresden, Se. Magnifizenz Prof. Dr.-Ing. *Peschel*, eine Beratung über die Fernwärmeversorgung der Technischen Hochschule statt. Anwesend waren:

Die Herren	Magnifizenz Prof. Dr.-Ing. *Peschel*, Prof. Dr.-Ing. *Boie*, Prof. Dipl.-Ing. *Funk*.
Für die Staatliche Plankommission:	Dipl.-Ing. *Markus*.
Für die Hauptverwaltung Energie im Ministerium für Schwerindustrie:	Dr.-Ing. *Schwarz*.
Für den VEB Energie-Projektierung Berlin:	Dr.-Ing. *Reschke*.
Für die Plankommission beim Rat des Bezirkes Dresden:	Hauptsachbearbeiter *Polnick*.
Für die Abt. Aufbau beim Rat des Bezirkes Dresden:	Abteilungsleiter *Günzel*.
Für den VEB Energieversorgung Dresden:	Dr.-Ing. *Mann*, Dr.-Ing. *Förster*, Dipl.-Ing. *Bierey*.
Für das Zentrale Konstruktionsbüro f. Metallurgie, Außenstelle Dresden:	*Weltz*, *Kühnert*, *Schwammekrug*.
Für das Entwurfsbüro für Industriebau Dresden:	*Wenzel*.
Für die Hochschulverwaltung:	Verwaltungsdirektor *Ehrlich*
Für das Entwurfsinstitut Prof. Funk:	Dipl.-Ing. *Schwieger*.
Für das Institut für Wärmetechnik:	Dipl.-Ing. *Dittrich*.
Für das HKW der Technischen Hochschule:	Dipl.-Ing. *Hartenstein*.
Für die Aufbauleitung der Technischen Hochschule:	*Wülfing*, *Moehlenhoff*, *Dammann*, *Richter*.

Die eingehende Diskussion aller Fragen der Wärmeversorgung der Alt- und Neubauten der Technischen Hochschule ergab Übereinstimmung darüber, daß der Bau weiterer Behelfsanlagen und Provisorien für die Beheizung der Technischen Hochschule volkswirtschaftlich nicht mehr verantwortet werden kann und deshalb der schnelle Anschluß an das Fernheizwerk der Stadt Dresden unbedingt erforderlich ist.

Das Heizkraftwerk der Technischen Hochschule soll in der Perspektive nur noch dem Lehr- und Forschungsbetrieb dienen. Lediglich während besonderer Belastungszeiten wird es noch für die Versorgung der Technischen Hochschule mit Wärme und Energie eingesetzt werden müssen.

Auf Grund dieser Beschlüsse konnten die Arbeiten für die Ausgestaltung der Versorgungsanlagen aufgenommen werden, die sich auf mehrere Jahre erstrecken.

2. Entwicklung der Anlagen

In diesem Zusammenhang soll ein Überblick über die Entwicklung der Wärmeversorgungsanlagen der südlich der George-Bähr-Straße entstandenen Gebäude der Technischen Hochschule gegeben werden.

Das in den Jahren 1872 bis 1875 erbaute Polytechnikum am Bismarckplatz erwies sich in der Folgezeit räumlich als unzureichend. Verschiedene An- und Einbauten wurden vorgenommen, doch auch diese langten für die stetig wachsenden Bedürfnisse nicht aus. Man benötigte vor allem Laboratorien für Maschinenbau und ein umfangreiches Haus für Elektrotechnik. Mit dem Bau dieser Gebäude wurde gleichzeitig ein Heizkraftwerk im Gelände südlich der George-Bähr-Straße errichtet.

2.1 Stand der Anlagen bei Inbetriebnahme des Werkes

Zur Zeit der Inbetriebnahme des Heizkraftwerkes der Technischen Hochschule, im folgenden nur noch mit HKW bezeichnet, im Jahre 1905, das damals die Bezeichnung „Fernheiz- und Elektrizitätswerk" trug, waren im Gelände südlich der George-Bähr-Straße folgende Hochschulneubauten der Mechanischen Abteilung für die Ausbildung der Maschinen-, Elektro- und Fabriksingenieure fertiggestellt worden: Das Elektrotechnische Institut, das Versuchs- und

Abb. 1. Die Neubauten für die mechanische Abteilung der Königl. Sächs. Hochschule in Dresden 1905

Materialprüfamt mit Maschinensaal an der Helmholtzstraße, das Kollegiengebäude der Mechanischen Abteilung an der Ecke Helmholtz-George-Bähr-Straße und die Maschinenlaboratorien A und B an der George-Bähr-Straße [3]. Im Oktober 1913 ist noch das Gebäude der Ingenieurabteilung mit dem Photographischen Institut hinzugekommen.

Das HKW steht etwa in der Mitte des damals für die Hochschulneubauten in Aussicht genommenen Geländes. Es diente für die Wärmeversorgung der Gebäude und für die Stromerzeugung. In dem Werk wird Gleichstrom mit einer Betriebsspannung von 2 x 220 V erzeugt. Für die Beheizung der Räume wird Dampf aus den Kesseln und der Abdampf von den Maschinen verwendet.

Die Abbildung 1 zeigt eine Gesamtansicht der Neubauten. Aus dem Lageplan (Abb. 2) ist die maßstäblich dargestellte Anordnung der Gebäude zu entnehmen.

In dem Kesselhaus standen bei Inbetriebnahme des Werkes zwei von der Deutschen Maschinenfabrik Germania in Chemnitz gelieferte Doppel-Flammrohrkessel von je 130 m² Heizfläche. Der Betriebsdruck beträgt 8 atü und die Überhitzung 300° C. Der Schornstein ist 45 m hoch und hat an der Krone eine lichte Weite von 2 m.

Für die Stromerzeugung waren zwei Turbo-Generatoren aufgestellt worden. Die eine Maschine ist eine de Laval-Kondensations-Turbine, die einen Siemens-Doppel-Dynamo mit einer Leistung von 110 kW antreibt. Durch Zahnräder mit Pfeilzähnen wird die Drehzahl

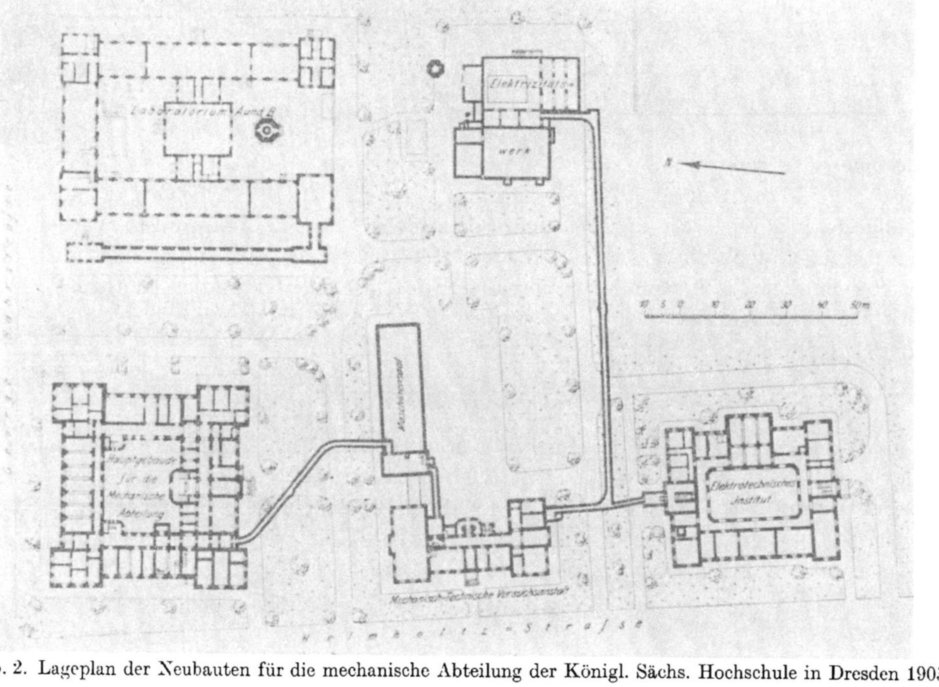

Abb. 2. Lageplan der Neubauten für die mechanische Abteilung der Königl. Sächs. Hochschule in Dresden 1905

des Turbinenläufers von 13 000 U/min auf 1050 U/min zum Antrieb des Dynamos herabgesetzt. Die andere Maschine ist eine Brown-Boveri-Parson-Turbine, die zwei Gleichstromdynamos treibt. Das Maschinenaggregat hat eine Drehzahl von 3500 U/min und eine Leistung von 130 kW.

Im Jahre 1913 kam ein gleicher Kessel mit einer nur etwas größeren Heizfläche von 180 m² hinzu. Zwei Jahre später, im Jahre 1915, wurde ein weiterer Turbosatz für 500 kW-Leistung aufgestellt. Die Dampfturbine stammt von der Sächs. Maschinenfabrik vormals Hartmann in Chemnitz. Sie treibt in Einwellenbauart mit 3000 U/min zwei Dynamos vom Sachsenwerk Dresden [4].

Es wurden außerdem zwei Akkubatterien aufgestellt. Die eine hat eine Kapazität von 760 Ah, die andere 480 Ah bei dreistündiger Entladung. Der Hauptteil der Batterie war ursprünglich im Elektrotechnischen Institut untergebracht. Der Restteil der Stammbatterie mit den Schaltzellen befand sich im Werk. Später wurde die gesamte Batterie im Werk aufgestellt.

Die Abbildung 3 zeigt eine Gesamtansicht. Das Werk besteht im wesentlichen aus dem Maschinensaal mit einer Fläche von 18,85 × 13 m und einer Höhe bis zum First von 7,95 m und dem Kesselhaus, 16,77 m lang, 14,52 m tief mit einer Höhe bis zum First von 9,7 m.

Abb. 3. Fernheiz- und Elektrizitätswerk. Ansicht. 1905

Auf der Nordseite des Maschinenhauses ist der Akkumulatorenraum mit 64 m² Bodenfläche und ein Waschraum mit Kleiderablage untergebracht. Dem Kesselhaus ist auf der Südseite ein unterirdischer Kohlenbunker mit einer Bodenfläche von 145 m² und einer lichten Höhe von 2,5 m vorgebaut. Aus dem in Abbildung 4 dargestellten Schnitt und Grundriß ist die Aufteilung der Räume zu entnehmen. Die Abbildung 5 zeigt einen Blick ins Maschinenhaus mit der an der Nordseite gelegenen Schalttafel.

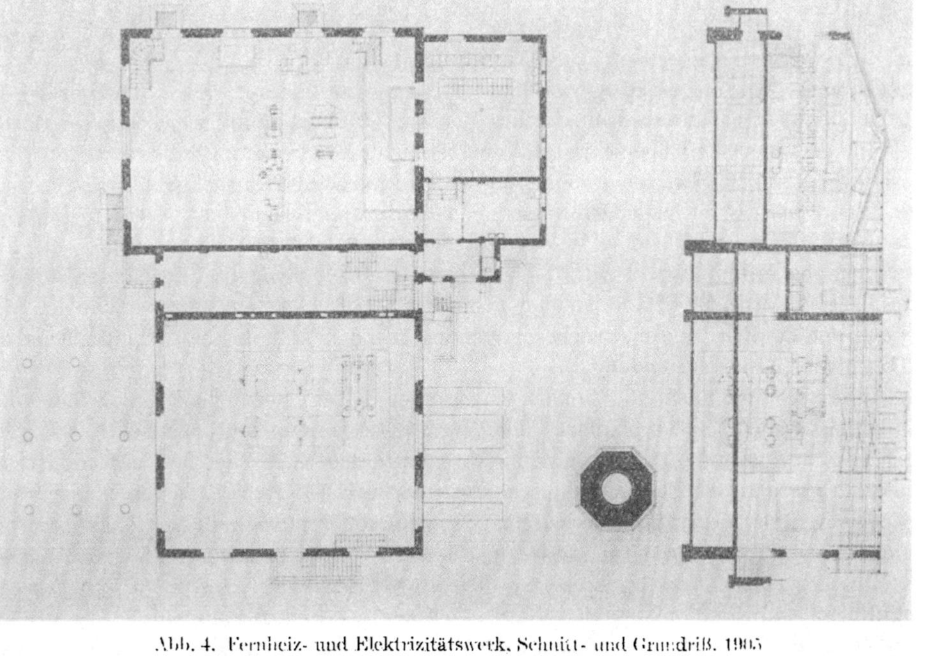

Abb. 4. Fernheiz- und Elektrizitätswerk. Schnitt- und Grundriß. 1905

Die de Laval-Turbine und die Parsons-Turbine besitzen einen gemeinsamen Oberflächenkondensator. Für die Parsons-Turbine ist ein Wechselschieber eingebaut, so daß der Abdampf entweder an den Kondensator oder an die Heizung geleitet werden kann. Das Kühlwasser für den Kondensator wird in einem Kühlturm für 180 m³/h Leistung rückgekühlt. Die 500 kW-Hartmann-Turbine hat eine eigene Kondensationsanlage. Für die Rückkühlung des Kühlwassers wird der gleiche Kühlturm verwendet, der allerdings für die Volleistung dieser Turbine nicht auslangte.

Um die Leistung der Parsons-Turbine beim Gegendruckbetrieb zu erhöhen, wurde für diese Turbine eine Umgehung des Hochdruckteiles eingebaut. Durch diese Umleitung nimmt die

Abb. 5. Fernheiz- und Elektrizitätswerk, Innenansicht des Maschinenhauses 1905

Turbine mehr Dampf auf, dessen mechanische Ausnützung geringer ist, wodurch aber der Heizung eine größere Wärmemenge zugeführt werden kann.

Die Hartmann-Turbine ist eine Anzapfturbine. Der Anzapfdampf wird in die Heizung geleitet. Durch ein eingebautes automatisches Ventil wird Frischdampf zugesetzt, sobald die Heizdampfmenge 4000 kg/h überschreitet. Der Oberflächenkondensator für die Hartmann-Turbine ist geteilt. Das Kühlwasser des einen Teiles wird im Kühlturm rückgekühlt. Der zweite Teil des Kondensators wird vom Heizwasser einer Warmwasserheizung durchströmt. Dadurch kann ein Teil der Wärme für eine Warmwasserheizung nutzbar gemacht werden, ohne daß das Vakuum der Turbine gestört wird. Es besteht auch die Möglichkeit, die gesamte Abwärme für die Warmwasserheizung zu verwenden, allerdings bei verringertem Vakuum. Um den Auspuffdampf der Turbine für Heizzwecke verwenden zu können, steht die Auspuffleitung mit dem Dampfverteiler in Verbindung.

Von Interesse sind auch die damals eingerichteten Raumheizungen. Zur Heizung der Gebäude diente eine Heizdampfanlage, eine Warmwasserheizung und eine elektrische Heizanlage. Das Hauptgebäude der Mechanischen Abteilung, jetzt Zeunerbau, das Materialprüfamt, jetzt Berndtbau und das Elektrotechnische Institut, jetzt Görgesbau, hatten Niederdruckdampfheizung für 0,1 bis 0,2 atü. Diese drei an der Helmholtzstraße liegenden Gebäude werden von einer gemeinsamen Fernleitung gespeist, die zu einem Verteiler vor der Versuchsanstalt führt. Von hier zweigen die Anschlüsse zu den drei Gebäuden ab. Diese Leitung wurde ursprünglich mit 4 atü und später mit 1,5 atü betrieben. Die Reduzierung auf 0,1 bis 0,15 atü erfolgte am Ende der Anschlußleitung in den Gebäuden selbst (siehe Abb. 2). Das Maschinenlabor, jetzt Mollierbau, besitzt eine Mitteldruckdampfheizung von 1 atü, die ebenfalls vom Werk gespeist wurde.

Ein Teil des Prüfamtes, der große Maschinensaal, besitzt eine Warmwasser-Schwerkraftheizung. Das warme Wasser wird in einem Dampf-Warmwasserumformer erzeugt, der an dem Dampfnetz für die Versorgung der drei Gebäude angeschlossen ist.

Das erst in den Jahren 1912 bis 1913 errichtete Bauingenieurgebäude, jetzt Beyerbau, besitzt eine Warmwasserheizung mit Zwangumlauf. Die Umwälzpumpen befinden sich im HKW. Die Erwärmung des Wassers erfolgt entweder durch den Kondensator der Hartmann-Turbine oder, wenn die Hartmann-Turbine nicht in Betrieb ist, durch 2 Umformer, die an das Dampfnetz angeschlossen sind. Das Heizwasser kann, sofern die Erwärmung im Kondensator nicht ausreicht, durch die beiden Umformer auf die erforderliche Temperatur gebracht werden (Nachwärmung).

Diese Warmwasserheizung ist verbunden mit einer Wärmespeicheranlage. Es sind 4 isolierte Kessel von je 8 m^3 Inhalt aufgestellt. Es können also 32 m^3 bis zu 90°C warmes Wasser für eine längere Zeit gespeichert werden. In der üblichen Schaltung können die Speicher direkt auf die Heizung arbeiten, sie können getrennt aufgeladen oder parallel mit den Warmwassererzeugern in Betrieb genommen werden.

Zur Fortleitung der Wärmeträger vom HKW in die einzelnen Gebäude sind schmiedeeiserne Rohre in begehbaren Kanälen auf Konsolen mittels Kugellagern verlegt. Die Kanäle sind mit einem lichten Querschnitt von $1 \times 1{,}2$ m in Eisenbeton mit einem äußeren Asphaltanstrich ausgeführt. Die Isolierung der Rohre besteht aus Korkschalen mit einer Luftschicht, die durch eine Asbestschnur und einem Weißblechmantel gebildet wird. Besondere Vorrichtungen zum Ausgleich der Längenausdehnung sind nicht eingebaut. Hierfür genügt die Wirkung der schmiedeeisernen Bogenrohre in den Kanalkrümmungen.

Während das Kondensat vom Elektrotechnischen Institut mit natürlichem Gefälle in das Werk zurückfließt, muß für die übrigen Gebäude das Kondensat mittels einer automatisch arbeitenden Pumpanlage zurückgeführt werden. Für die Fortführung des Kondensates dienen Gußeisenrohre mit Korkschalenisolierung. Für den Längenausgleich sind Kupferbogenrohre eingebaut.

In der Zeit, in der die Heizungen nicht in Betrieb sind, laufen die Maschinen für die Stromerzeugung mit Kondensation. Bei geringer Belastung, insbesondere in den Ferien, bleiben nur die Akkubatterien in Betrieb, so daß die Maschinen nur in längeren Zeitabschnitten in Betrieb genommen zu werden brauchen. Es sei noch erwähnt, daß das Kühlwasser der Kondensatoren zwischenzeitlich auch für die Bodenbeheizung einer Gärtnerei verwendet wurde [5]. Als Brennstoff wurde böhmische Braunkohle und Zauckerodaer Klarkohle verwendet.

In einigen Räumen des Photographischen Institutes im Bauingenieurgebäude bestand eine ziemlich ausgedehnte elektrische Heizung. Sie bietet während der Heizperiode eine gewisse Grundbelastung für den Maschinenbetrieb und ermöglicht eine bessere Anpassung der Stromerzeugung an den Heizdampfbedarf.

Die kurze Beschreibung der Anlagen läßt erkennen, daß die Einrichtungen des HKW derart getroffen waren, daß die erzeugte Wärme nicht nur für Krafterzeugung, sondern auch für die Heizung diente. Die zentrale Versorgung der einzelnen Gebäude vom HKW bedingte wohl umfangreichere Anlagen, ermöglichte aber einen einfachen und wirtschaftlichen Betrieb. Nach Möglichkeit wurden die Heizungen unter Verwendung der Abwärme betrieben. Schon damals wurden die heute allgemeingültigen Richtlinien für die Kraft- und Wärmekopplung berücksichtigt. Es war also schon in dieser Zeit ein Heizkraftwerk mit Fernwärmeversorgung errichtet worden. Bekanntlich wurde in den Jahren 1900 bis 1902 das erste größere Fernheizwerk auf europäischen Boden in Dresden gebaut, das durch Fernleitungen die staatlichen Gebäude versorgte [6]. Dieses staatliche Fernheizwerk war zunächst ein reines Dampfheizwerk. Erst später, im Jahre 1911, wurde dieses mit stromerzeugenden Maschinen gekoppelt, also in ein Heizkraftwerk umgebaut. Es ist daraus zu ersehen, daß das Hochschulwerk schon im Jahre 1905 nicht nur den Gedanken der Fernwärmeversorgung aufnahm, sondern sogar die Kraft- und Wärmekopplung durchführte, was als Vorbild für die Entwicklung der Heizkraftwerke angesprochen werden kann.

2.2 Stand der Anlagen vor der Zerstörung

Außer den bei Inbetriebnahme des Werkes vorhanden gewesenen Gebäuden wurden im Laufe der Zeit im Gelände zwischen George-Bähr-, Berg-, Mommsen- und Helmholtzstraße weitere Hochschulgebäude errichtet, wobei die alte Hochschule am Bayrischen Platz im Betrieb blieb, und zwar die Chemiegebäude, das Institut für Kraftfahrwesen, die Erweiterung des Zeunerbaus (Zeunerneubau mit Textilhalle), das Schwachstrominstitut, das Physikalische Institut (Physikbaracken), ein Gebäude für die Verwaltung mit der Oberbauleitung und verschiedene kleinere Gebäude, die nicht an das HKW angeschlossen wurden. Diese Gebäude hatten einen umbauten Raum von etwa 325000 m³, kaum 50 % der heute Lehrzwecken dienenden Gebäude.

In der Zwischenzeit war auch das HKW umgebaut und erweitert worden. Insbesondere wurde das Kesselhaus für die neuaufzustellenden Kessel vollständig neu errichtet. Der Schornstein wurde um etwa 5 m erhöht und erhielt eine Höhe von 50,7 m mit einem lichten Durchmesser an der Krone von 2 m. Ebenso wurde z. T. die Wärmeversorgungsart in den einzelnen Gebäuden geändert. Die zentrale Wärmeversorgung der Gebäude vom HKW wurde beibehalten und mit 2 Heizsystemen gearbeitet. Es wurde mit Niederdruckdampf und Warmwasser geheizt.

Nach dem Umbau und der Erweiterung unter teilweiser Weiterverwendung der Anlagen ergab sich folgender Stand:
Für die Dampf- und Warmwassererzeugung standen nachstehende Einrichtungen im HKW zur Verfügung:

Kessel I: Zwangumlaufkessel, Bauart La Mont-Oschatz, Meerane. 188 m² Heizfläche, genehmigter Druck 25 atü, Dampferzeugung 10—12 t/h, maximaler Dampfzustand nach dem Überhitzer 25 atü, 400° C. In Betrieb mit 22 atü, 375° C, Baujahr 1939.

Kessel II: Doppel-Zweiflammrohr-Kessel, Erzeugnis Germania-Chemnitz, 180 m² Heizfläche, genehmigter Druck 8,5 atü, Dampferzeugung 3 bis 3,5 t/h, Dampfzustand nach dem Überhitzer 8,5 atü, 300° C, Baujahr 1913 (außer Betrieb).

Kessel III: Sektional-Wasserrohrkessel, Bauart Babcock-Wilcox, Oberhausen, 283,55 m² Heizfläche, genehmigter Druck 22 atü, Dampferzeugung 8 bis 10 t/h, Dampfzustand nach dem Überhitzer 22 atü, 350° C, Baujahr 1924. Er stand ursprünglich mit größerer Heizfläche im Staatlichen Fernheizwerk und wurde 1928 nach der Technischen Hochschule umgesetzt.

1 Gefälle-Speicher, System Ruths, Bauart MAN (Ruths-Speicher), Hersteller: Gute Hoffnungshütte, Sterkrade, Herstellungsjahr 1925. Er hat ein Fassungsvermögen von 86 cbm und einen nutzbaren Speicherinhalt von 75 cbm, bei einem höchsten Betriebsdruck von 8 atü. Er dient als Speicher für das Dampf-Heiznetz, welches mit 1,5 atü betrieben wurde. Bei der Entspannung von 8 atü auf 1,5 atü können etwa 6750 kg Dampf entnommen werden.

2 Wärmetauscher für Dampf-Warmwasser, angeschlossen an das 1,5 atü Dampfnetz mit einer Leistung von je 1,7 Gcal/h und einer Wassertemperatur von 90/70° C, in Verbindung mit 12 stehenden Warmwasserspeichern, für einen Gesamtinhalt von 161 t Wasser und einem Druck von 2,5 kp/cm². Die 12 Speicher bestehen aus 3 Gruppen, die für sich abschaltbar sind.

Folgende Institute wurden mit Niederdruckdampf geheizt:

Leitung 1 NW 150: Zeunerbau (Gebäude Nr. 1), Versuchsamt (Gebäude Nr. 2), Elektrotechnisches Institut (Gebäude Nr. 3).
Leitung 2 NW 125: Zeuner-Neubau (Gebäude Nr. 4), Textilhalle (Gebäude Nr. 5).
Leitung 3 NW 100: Maschinenlabor (Gebäude Nr. 6).
Leitung 4 NW 125: Institut für Kraftfahrwesen (Gebäude Nr. 7), Verwaltung mit Oberbauleitung (Gebäude Nr. 8).
Leitung 5 NW 150: Chemiegebäude (Gebäude Nr. 11 und 13).
Leitung 6 NW 80: Schwachstrominstitut (Gebäude Nr. 10).
Leitung 7 NW 80: Heizkraftwerk (Gebäude Nr. 9).

Die vom HKW in die einzelnen Gebäude führenden Leitungen werden mit Dampf von 1,5 atü gespeist. Die Druckminderung auf die Gebrauchsspannung von 0,1 atü erfolgt in den Gebäuden selbst.

Mit Warmwasser war das Bauingenieurgebäude (Gebäude Nr. 12) geheizt. Hier war eine Warmwasserpumpenheizung eingebaut, die im Jahre 1913 errichtet und von den Wärmeaustauschern gespeist wurde. Die vom HKW in das Bauingenieurgebäude im Kanal verlegten Vor- und Rücklaufleitungen hatten eine Nennweite von je 2×100.

Das Heizkanalnetz wurde erweitert. Auch für die Erweiterung wurde die gleiche Bauart mit begehbaren Kanälen und die gleiche Rohrführung beibehalten.
Die Kanäle sind auch für die Verlegung von Stark- und Schwachstromkabel in Verwendung.

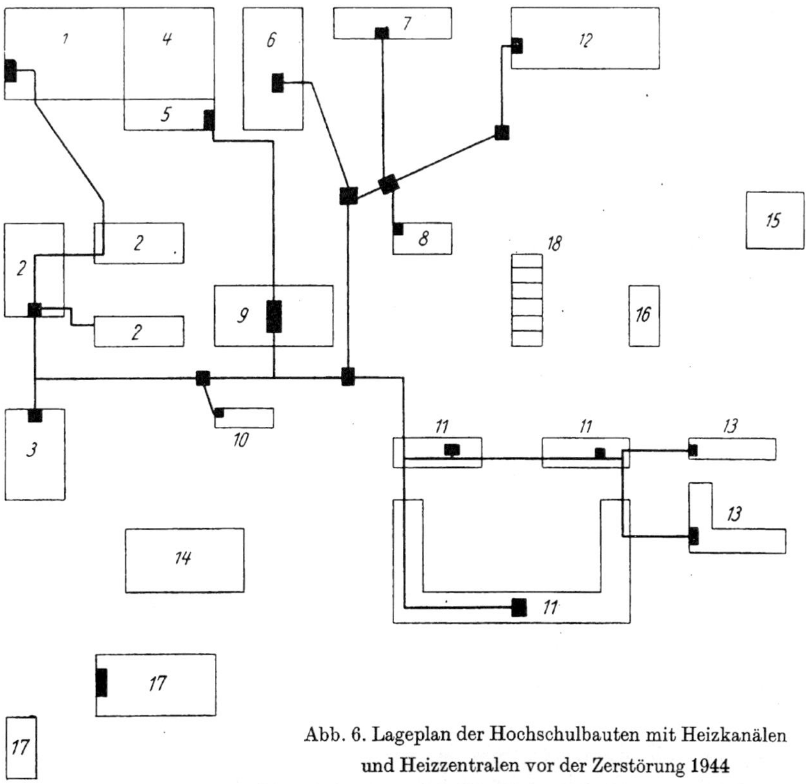

Abb. 6. Lageplan der Hochschulbauten mit Heizkanälen und Heizzentralen vor der Zerstörung 1944

1 Zeunerbau 2 Versuchsamt 3 Elektrot.-Institut 4 Zeunerneubau 5 Textilhalle 6 Maschinenlabor 7 Institut für Kraftfahrwesen 8 Verwaltung und Bauleitung 9 Heizkraftwerk 10 Schwachstrominstitut 11 Chemiegebäude 12 Bauingenieur-Gebäude 13 Physikbaracken 14 Hochspannungshalle 15 Baugrundforschung 16 Klimahaus 17 Studentenhaus 18 Gärtnerei

Die Kanäle führen vom HKW zu den einzelnen Instituten und in diesen zu den Heizzentralen. Der Lageplan (Abb. 6) zeigt die zu dieser Zeit vorhanden gewesenen Gebäude, die im Gelände führenden Kanäle und den Ort der Heizzentralen. Die Arbeitsweise dieser beiden Systeme soll nachstehend beschrieben werden.

Der von den Kesseln I und III erzeugte Dampf von 22 atü und 350° C Überhitzung dient zur Speisung einer Kondensationsturbine (Erzeugnis Brückner u. Kanis, Dresden), die über ein Getriebe mit einer Untersetzung von 5000/1500 U/min 2 Gleichstromdynamos von je 150 kW und 2 × 220 V betreibt. Die Turbine besitzt eine Anzapfung für 1,5 atü zur Einspeisung in das 1,5 atü Heizungsnetz. Der vom Kessel II erzeugte Dampf von 8 atü und 300° C speist die noch vorhandene Gegendruckturbine, Erzeugnis BBC, deren Gegendruckdampf ebenfalls in das 1,5 atü Heizungsnetz geleitet wird. Der Ruths-Speicher wird mit Sattdampf von 8 atü gespeist, welcher von Kessel I und III über Reduzierventile und vom Kessel II direkt vor den Überhitzern entnommen wird. Auch der Ruths-Speicher speist mit 1,5 atü das Heizungsnetz.

Die beiden Wärmeaustauscher in Verbindung mit den 12 Speichern sind an das Dampfnetz von 1,5 atü angeschlossen und erzeugen das Warmwasser für die Heizung des Bauingenieurgebäudes. Die Schaltung ermöglicht wieder die 3 üblichen Betriebsarten, und zwar:

a) Die Heizung wird aus dem Umformer gespeist, die Speicher sind ausgeschaltet.

b) Die Umformer laden die Speicher bei abgeschalteter Heizung auf und

c) die Heizung wird bei abgeschalteten Umformern von den Speichern betrieben.

Das anfallende Kondensat fließt in das HKW zurück und dient zur Kesselspeisung. Das Zusatzwasser wird mit einer Permutit-Anlage aufbereitet. Die Abbildung 7 zeigt die vereinfachte Schaltung.

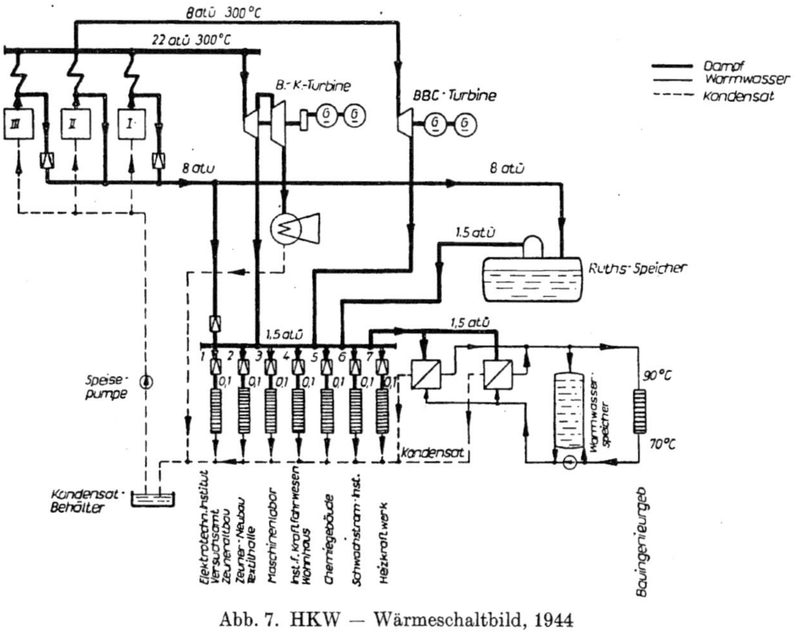

Abb. 7. HKW — Wärmeschaltbild, 1944

In einzelnen Gebäuden waren Gasöfen eingebaut worden, die als Ergänzung zu den vom HKW gespeisten Heizungsanlagen dienten. Sie waren nicht nur für die Übergangszeit, sondern auch für die Ferientage und für die Beheizung einzelner Räume, wie Professorenzimmer, Laboratorien und Leseräume nach Dienstschluß vorgesehen, wenn die Wärmelieferung vom

HKW nicht in Betrieb war. Die mit diesen Einzelgasöfen gemachten guten Erfahrungen waren mitbestimmend für die Wahl der Gasheizung mit Einzelöfen für die in den Jahren 1929/1930 gebaute Hochspannungshalle (Gebäude Nr. 14) [7]. Trotz der wärmetechnisch ungünstigen Bauweise der Halle (17000 m³ Luftraum, allseits freiliegender Stahlskelettbau mit nur 38 cm Mauerstärke, ein Eisentor 10×10 m an der Nordseite, Oberlicht über der gesamten Decke, 18 m Raumhöhe) konnten die gestellten Forderungen erfüllt werden. Die Halle mußte während der Nacht und zur Zeit der Nichtbenützung wegen der Transformatoren und der Wasserwiderstände dauernd auf 8°C gehalten werden. Außerdem sollte der Raum innerhalb von $1^1/_2$ Stunden für die Benützung auf 15°C aufgeheizt werden. Die geforderten Temperaturen waren durch geeignete Regler konstant zu halten. Es wurden 24 Einzelgasheizöfen mit einer Gesamtheizleistung von 430000 kcal/h eingebaut, die bei Vollbrand aller Öfen 132 m³ Gas/h verbrauchten. Das Stadtgas wird mit einer Leitung von NW 150 von der Hauptgasleitung in der Mommsenstraße zugeführt. Die Abgase werden mechanisch abgesaugt. Die Abgasleitung liegt in besonderen Fußbodenkanälen, zu denen für je 2 Öfen gemeinsam die Fallrohre führen. Die Regulierung erfolgt mittels Regulierventilen mit getrenntem Wärmefühler (System Kromschröder) für je 6 Öfen gemeinsam. Die Temperaturverteilung war verhältnismäßig günstig: in 12 m Höhe betrug die Temperatur nur 1.5°C mehr als am Fußboden der Halle. Der Gasverbrauch im Jahre 1932 wird mit 40770 m³ angegeben. In den letzten Jahren beträgt dieser rund 80000 m³. Dieser höhere Verbrauch ist durch die fast pausenlose Benützung der Halle für Lehr- und Forschungsbetrieb bedingt.

Die übrigen hier nicht angeführten Gebäude waren nicht an das HKW angeschlossen.

Die südlich der Mommsenstraße gelegene Mensa mit Studentenhaus (Gebäude Nr. 17) war an das Werk nicht angeschlossen und wurde durch eine Heizzentrale mit 3 Gliederkesseln für Niederdruckdampferzeugung mit insgesamt 72 m² Heizfläche und eine Leistung von 500000 kcal/h versorgt.

Abb. 8. HKW der Technischen Hochschule nach der Zerstörung. 1945

2.3 *Entwicklung nach der Zerstörung*

Die Altbauten am Bayrischen Platz, die dem Angriff zum Opfer fielen, wurden abgetragen und das Grundstück aufgegeben. Hingegen wurde die Instandsetzung der südlich der George-Bähr-Straße zerstörten und beschädigten Hochschulgebäude sogleich in Angriff genommen, die gegen 1949 im wesentlichen beendet wurde. Die Abbildungen 8 und 9 zeigen die Art der Zerstörung und Beschädigung des Heizkraftwerkes. Es wurde ebenfalls instand gesetzt und im Zuge des Anwachsens der Hochschule mit neuen Einrichtungen versehen, um dem erhöhten Wärmebedarf zu genügen. Die Niederdruckdampfheizungen behielt man bei und setzte die Heizanlagen in den einzelnen Gebäuden instand. Die in diesen Gebäuden durchgeführten Erweiterungen und Dachausbauten beheizte man ebenfalls mit Niederdruckdampf. Die Warmwassererzeugung für die Warmwasserheizung wurde umgestellt und für den Anschluß der an der Helmholtzstraße entstandenen Gebäude eine Heißwasserheizung vorgesehen. Diese 3 verschiedene Heizsysteme sind auch zur Zeit des Baubeginnes des Fernwärmeanschlusses vorhanden.

Abb. 9. HKW der Technischen Hochschule im Wiederaufbau, 1945

2.3.1 Umbauten im Heizkraftwerk

Nach den durchgeführten Instandsetzungen wurden die Kessel I (Abb. 10) und III wieder in Betrieb genommen. Der Kessel II wurde stillgelegt und im Jahre 1958 abgebrochen. An dessen Stelle wird ein Versuchskessel für Verbrennung von Salzkohle mit einer Leistung von 5 t/h, einem Druck von 80 atü und einer Überhitzung von 450°C errichtet.
Im Laufe der Zeit nahm man außerdem folgende Umbauten vor:
Der Kessel III wurde durch Vergrößerung der Heizflächen für Kessel, Überhitzer und Economiser und durch den Einbau eines Zonenwanderrostes (VEB Feuerungsbau Greiz-Döhlau) in seiner Leistung um etwa 50% erhöht und liefert normal 12,5 t/h. Bei Verwendung von Briketts kann sogar eine Spitzenleistung von etwa 16 t/h erreicht werden. Der Umbau erfolgte in den Jahren 1954/55 und wurde von der Firma Oberingenieur Fritz Müller, Rohrleitung-Apparate und Kesselanlagen in Neumark/Sa. durchgeführt [8] [9] (Abb. 11).

Die Wärmeversorgung der Technischen Hochschule wurde wiederholt vor neue Aufgaben gestellt. Wegen der damals nur begrenzt zur Verfügung stehenden Baumittel war an eine großzügige und grundsätzliche Lösung der Wärmeversorgung noch nicht zu denken. Besondere Schwierigkeiten ergaben sich nicht nur bei der Materialbeschaffung, die den einzuschlagenden Lösungsweg vorschrieben, sondern durch die Tatsache, daß neue Institute gebaut wurden, ohne daß vorher die Heizungsfrage geklärt wurde. Z. T. war während des Baues noch nicht sicher, ob Radiatoren genehmigt und beschafft werden können. Für die Gebäude der Verkehrshochschule z. B. war ursprünglich Ofenheizung gefordert worden. Aus diesen Gründen mußten in kürzester Frist (während der Sommermonate) zusätzliche Wärmeversorgungssysteme erstellt werden, die mehr den Charakter der Improvisation tragen. Das betraf vor allem den Barkhausenbau, Erweiterung der Mensa und die Verkehrshochschule an der Nürnberger-Hettner-Straße.

So wurde im Sommer 1951 der durch Zerstörung stilliegende Ruths-Speicher wieder in Gang gesetzt, jedoch nicht mehr als Gefällespeicher benutzt, sondern als Heißwassererzeuger verwendet, um die an der Helmholtzstraße entstandenen Gebäude mit Wärme zu versorgen. Anzuschließen waren das Institut für Thermodynamik (Merkelbau), das Schwachstrominstitut (Barkhausenbau), das Forschungsinstitut für metallische Spezialwerkstoffe und die Mensa. Der Speicher wird mit auf 8 atü reduziertem Frischdampf aufgeladen. Das erzeugte Heißwasser

Abb. 10. HKW – Kessel I, 1958

Abb. 11. HKW – Kessel III, 1958

mit einer Temperatur von 175°C wird mit Umwälzpumpen durch eine Fernleitung (Fa. Krantz, Leipzig) in die mit Wärme zu versorgenden Institute geleitet und hier in Wärmetauschern auf Warmwasser und Dampf umgeformt. Das Rücklaufwasser mit einer Temperatur von 90°C kann durch eine Mischleitung dem Vorlaufwasser beigemischt werden. Die Vorlauftemperatur wird somit unabhängig vom Speicherdruck der jeweiligen Außentemperatur angepaßt. Die Vor- und Rücklaufleitungen haben eine Nennweite von 100 mm. Für die Verlegung dieser Leitungen wurde das Kanalnetz in Richtung Helmholtzstraße und nach Süden zum Anschluß der Gebäude erweitert. Der Höhenunterschied zwischen HKW und dem höchstgelegenen Institut für Spezialwerkstoffe beträgt dabei 11,31 m.

Das Institut für Thermodynamik (Merkelbau), hat für die Halle Niederdruckdampfheizung und für die Institutsräume Warmwasserheizung mit Zwangumlauf. Für die Warmwasserheizung sind 2 Umformer von je 500 000 kcal/h und für die Dampfheizung 1 Umformer mit einer Leistung von 1 Gcal/h eingebaut.

Für die Bereitung des warmen Gebrauchswassers steht ein gasbeheizter Kessel zur Verfügung. Der Warmwasserboiler kann auch mit Niederdruckdampf betrieben werden.

Der Barkhausenbau besitzt Warmwasserheizung mit Zwangumlauf. Für den 1. und 2. Bauabschnitt sind 2 Umformer von je 400000 kcal/h eingebaut und den 3. und 4. Bauabschnitt stehen 2 Umformer von je 1,75 Gcal/h zur Verfügung.

Das Institut für metallische Spezialwerkstoffe war nur vorübergehend an dem Heißwassernetz der Technischen Hochschule angeschlossen. Es hat eine eigene Kesselanlage erhalten.

In der Mensa wurden 2 Heißwasser-Dampfumformer von je 1 Gcal/h eingebaut, die sich in der alten Heizzentrale befinden.

Bei einer mittleren Umlaufwassermenge von 50 cbm/h und einer Temperaturdifferenz von 85° C können etwa 4 Gcal/h geliefert werden, welche für die Versorgung der angeschlossenen Gebäude ausreichten. Die Wassergeschwindigkeit beträgt bei den damals erhältlichen Rohrquerschnitten von nur NW 100, 1,8 m/sec.

Die für die Speisung der Warmwasserheizung im Bauingenieurgebäude vorhanden gewesene *Warmwassererzeugungsanlage* wurde nach deren Instandsetzung wieder in Betrieb genommen. Für die erfolgte Erweiterung durch Dachausbauten im Bauingenieurgebäude und durch den Neubau der Hochschule für Verkehrswesen an der Nordseite der George-Bähr-Straße, die von der Technischen Hochschule versorgt werden sollte, reichten die Anlagen nicht mehr aus. Es wurde von der Vergrößerung der vorhandenen Anlagen Abstand genommen und eine andere Versorgungsart im Jahre 1953 eingeführt. Das aus der Dampfheizung in das HKW zurückfließende Kondensat wird für die Warmwasserheizung verwendet. Dieses auf 105° C erwärmte und entgaste Kondensat gelangt in einen Speisewasserbehälter und dient zunächst als Vorlauf für die Warmwasser-Fernheizung der angeschlossenen Gebäude. Aus dem Rücklauf saugen die Kesselspeisepumpen, da die Kessel nur für etwa 70° C Speisewassereintrittstemperatur ausgelegt sind. Das restliche Rücklaufwasser wird im Speisewasserbehälter durch Dampfdüsen (System Krantz, Leipzig), die an das 1,5 Netz angeschlossen sind, auf die Vorlauftemperatur erhöht. Die Regulierung der Heizung erfolgt teils durch Mengenregulierung, teils durch Zumischen von Rücklaufwasser.

Als Speisewasserbehälter mußte zunächst ein Tank mit einem Inhalt von 20 m³ für einen Höchstdruck von 3 atü verwendet werden. Der für die Erzeugung der erforderlichen Vorlauftemperatur notwendige Dampf strömt durch 5 Düsen in den Speisewasserbehälter. Die Wärmeleistung dieses Behälters beträgt 5 Gcal/h. Das in diesem Behälter erzeugte Heißwasser mit einer maximalen Temperatur von 132,9° C (2 atü) wird in das Bauingenieurgebäude und in die Verkehrshochschule gepumpt und hier mittels Wärmetauscher auf Warmwasser umgeformt, welches der im Bauingenieurgebäude vorhandenen und in der Verkehrshochschule eingebauten Warmwasserpumpenheizung dient. In diesen beiden Gebäuden befinden sich Heizzentralen mit Heißwasser-Warmwasserumformern. Nur so war es möglich, mit dem vorhandenen Warmwasserrohrleitungsnetz den erhöhten Wärmebedarf zu decken.
Dieser Speisewasserbehälter, ein früherer Benzintank, hat sich im Betrieb als unzureichend erwiesen und wurde im Jahre 1955 gegen einen vom VEB Dampfkesselbau Übigau und von der Firma Krantz, Leipzig umgebauten Einflammrohrkessel ausgewechselt. Dieser Kessel stammt vom VEB Rohtabak, Dresden, Schandauer Straße. Der Kessel hat einen Inhalt von 30 m³, ein Gewicht mit $^3/_4$ Wasserfüllung von 42 t und eine Leistung von 9 Gcal/h bei 3 atü. Dieser Behälter arbeitet in der gleichen Weise wie der Behälter, an dessen Stelle er eingebaut wurde.

Im Zuge des Umbaues des HKW wurde auch der Maschinenpark den Erfordernissen angepaßt. Die Parsons-Dampfturbine (Erzeugnis BBC, Baujahr 1906, für einen Betriebsdruck von 8 atü für Gegendruckbetrieb), welche 2 Gleichstrom-Dynamos von je 65 kW angetrieben hat, wurde nach dem Angriff stillgelegt und ausgebaut.

Ein synchronisierter Asynchronmotor 442 kW, der ebenfalls 2 Gleichstromdynamos von je 125 kW angetrieben hat, und gleichzeitig als Phasenschieber diente, wurde ebenfalls außer

Betrieb genommen und anderen Zwecken zugeführt. Für die Phasenkompensierung wurde eine Kondensatorenbatterie eingebaut.

Die Kondensationsentnahmeturbine, Erzeugnis Brückner, Kanis u. Co., Dresden, Baujahr 1935, für einen Betriebsdruck von 20 atü, 400° C Überhitzung zum Antrieb von 2 Gleichstrommaschinen je 150 kW, die entsprechend den früheren Betiebsverhältnissen für einen Betrieb wahlweise mit 20 atü Frischdampf auf Gegendruck oder mit 8 atü Frischdampf auf Kondensation vorgesehen war, wurde nur noch mit Gegendruck und mit verringerter Leistung in Betrieb genommen, da die Kondensationsanlage wegen der vollständigen Zerstörung des Kühlturmes nicht mehr betriebsfähig war.

Die Energieversorgungsanlage war in den Jahren 1952 bis 1954 in einem solchen Maße angespannt, daß ganze Stadtbezirke abgeschaltet werden mußten, um die Industrieproduktion aufrechtzuerhalten. Es schien daher geboten, jede nur erdenkliche Energiequelle zu erschließen. Deshalb lag es nahe, daß auch die Technische Hochschule mit allen zur Verfügung stehenden Mitteln dazu beiträgt, der Energiemangellage abzuhelfen. Es wurde somit im Rahmen des damals laufenden Energieprogrammes beschlossen, den zu Heizzwecken erzeugten Dampf in einem größeren Gegendruck-Turboaggregat zur Stromerzeugung zu nutzen, um gerade in der Hauptbelastungszeit den Energiebezug aus dem Netz nicht nur zu entlasten, sondern noch Spitzenstrom ins Netz zurückzuliefern. Der Auftrag auf dieses Aggregat wurde erteilt, als an einen Anschluß an das Fernheizungsnetz noch nicht zu denken war und von maßgeblichen Stellen überhaupt als nichtdiskutabel angesehen wurde. Die Anlieferung verzögerte sich leider, so daß die Inbetriebnahme erst 1957 erfolgen konnte. Die Aufstellung des neuen Aggregates erschien auch insofern berechtigt, da die beiden nach Instandsetzung und Umbau nunmehr leistungsfähigen Kessel I und III über eine Dampfleistung von fast 25 t/h bei einem Druck von 22 atü verfügten und für Kraftzwecke auszunützen waren. Die kleine Brückner-Kanis-Turbine mit einem Dampfdurchsatz von 5,5 t/h für den Antrieb von 2 × 150 kW Gleichstrommaschinen konnte somit nur zu einem Bruchteil der Kesselleistung für diesen Zweck herangezogen werden. Inzwischen ist sie wegen ihres Alters und nicht mehr reparaturfähigen Zustandes endgültig stillgelegt.

Beim Bau des neuen Aggregates wie auch bei der Ausrüstung der Maschine wurde darauf Bedacht genommen, daß die leistungsfähige Maschine vor allem auch für Lehr- und Forschungszwecke dienen soll. So hatten ihr Interesse an einem Versuchsbetrieb außer dem Institut für Wärmetechnik und Wärmewirtschaft die Institute für Thermodynamik und thermische Strömungsmaschinen, das Maschinenlaboratorium, für Hochspannungstechnik und für elektrische Energieanlagen bekundet. Es handelt sich um eine Anzapfgegendruckturbine mit Getriebe zum Antrieb eines Drehstromgenerators. Nachstehend sollen die Betriebdaten des Maschinensatzes angegeben werden.

Turbine: Klemmenleistung 1470 kW, Dampfdruck am Turbineneintritt 19 atü, Temperatur beim Turbineneintritt 400° C, Gegendruck am Turbinenaustritt 2,7 ata. Anzapfdruck: etwa 13 ata. Drehzahl des Turbinenläufers 7500 U/min.

Getriebe: Einstufig mit Doppelschrägverzahnung für eine Untersetzung von 7500/3000 U/min. Hersteller des mechanischen Teiles: EKM-Turbinenfabrik Dresden.

Drehstromgenerator: 2500 kVA, 6300 V, 229 A, Sternschaltung.

Erregermaschine: 23 kW, 115 V, 200 A, 3000 U/min mit Umschaltung auf Fremderregung. Hersteller des elektrischen Teiles: VEB Turbinen- und Generatorenbau, Berlin-Wilhelmsruh (Abb. 12).

Die Wahl der Spannung des Generators von 6 kV war durch das Maschinenerzeugungsprogramm bedingt, obwohl im HKW die Spannung von 10 kV und 380/220 V vorhanden war.

Durch den Einbau eines 3-Wicklungstransformators 10/6/0,4 kV wurde der Bezug und die Lieferung mittels der 3 Spannungen ermöglicht.

Für den Betrieb der Kessel standen keineswegs sehr günstige Brennstoffe zur Verfügung. Zum Beispiel setzten sich in der Heizperiode 1956/57 die verbrannten Brennstoffe wie folgt zusammen: 30,5% Gas-Koks-Grus, (0-5 mm), 28% Brikettabrieb, 22,8% Braunkohlenschwelkoks, 18,6% Rohbraunkohle, 0,1% Braunkohlenbriketts.

In diesem Zusammenhang soll erwähnt werden, daß im Jahre 1958 die maximale in Anspruch genommene Leistung 2460 kVA und der jährliche Verbrauch rund 5 GWh betrug. Eine übersichtliche Darstellung der Stromversorgung zeigt Abbildung 13. Der Verlauf der Drehstrombelastung im Jahre und das starke Anwachsen dieser Belastung ist für die Jahre 1953—1958 in Abbildung 14 dargestellt. Den Verlauf einer Tagesbelastung zur Zeit der höchsten

Abb. 12. HKW — Maschinenhaus, 1958

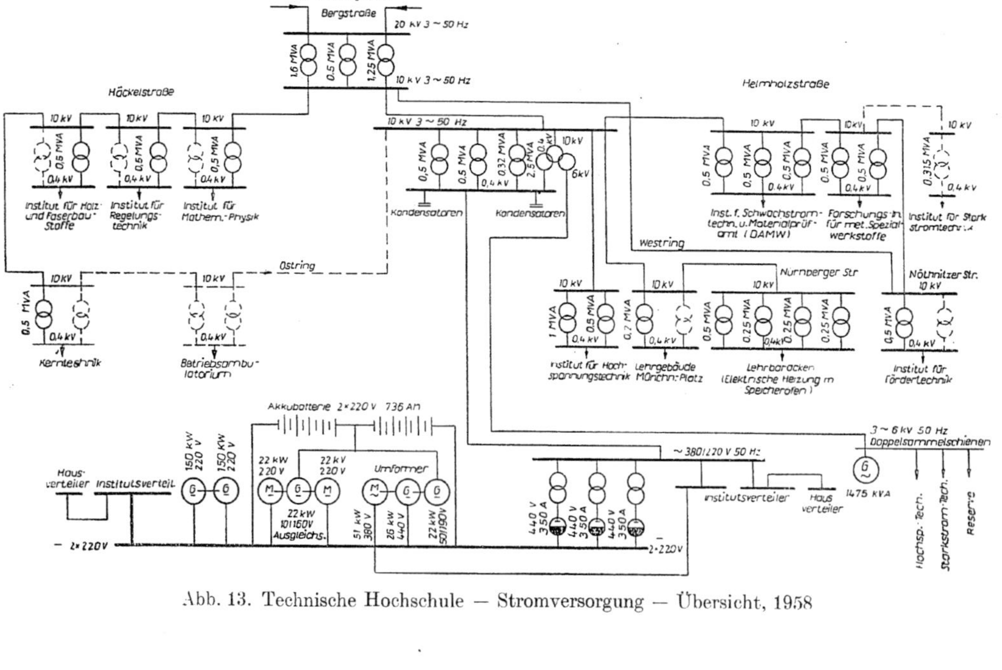

Abb. 13. Technische Hochschule — Stromversorgung — Übersicht, 1958

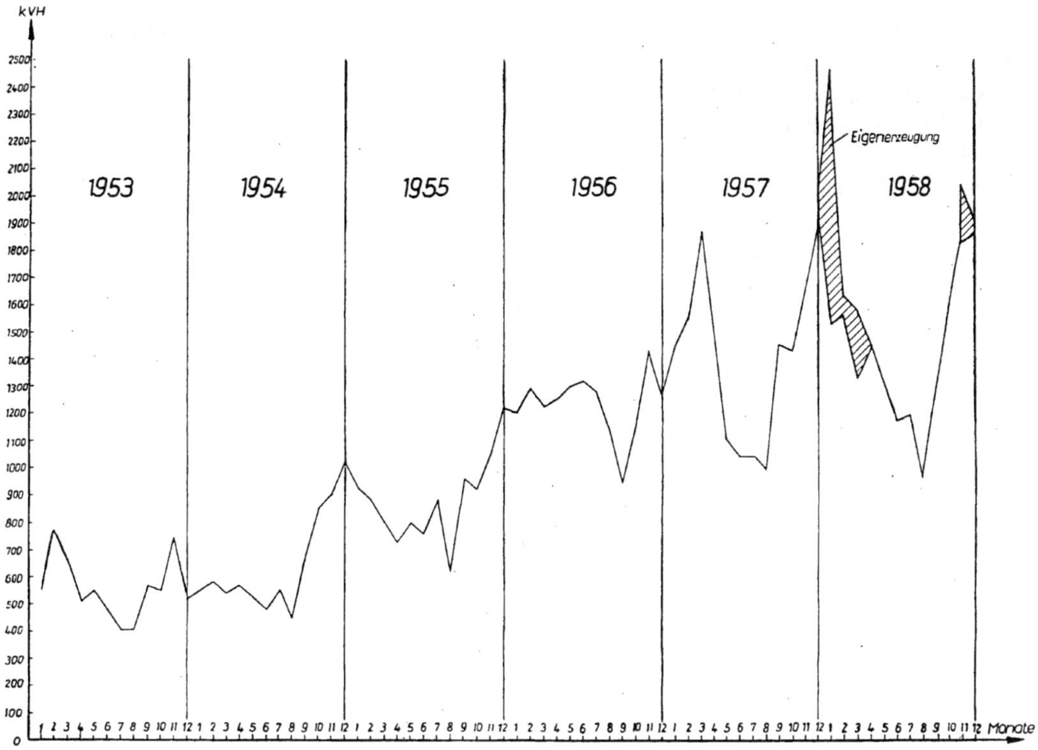

Abb. 14. Technische Hochschule — Drehstromversorgung — Wachstum 1953—1958

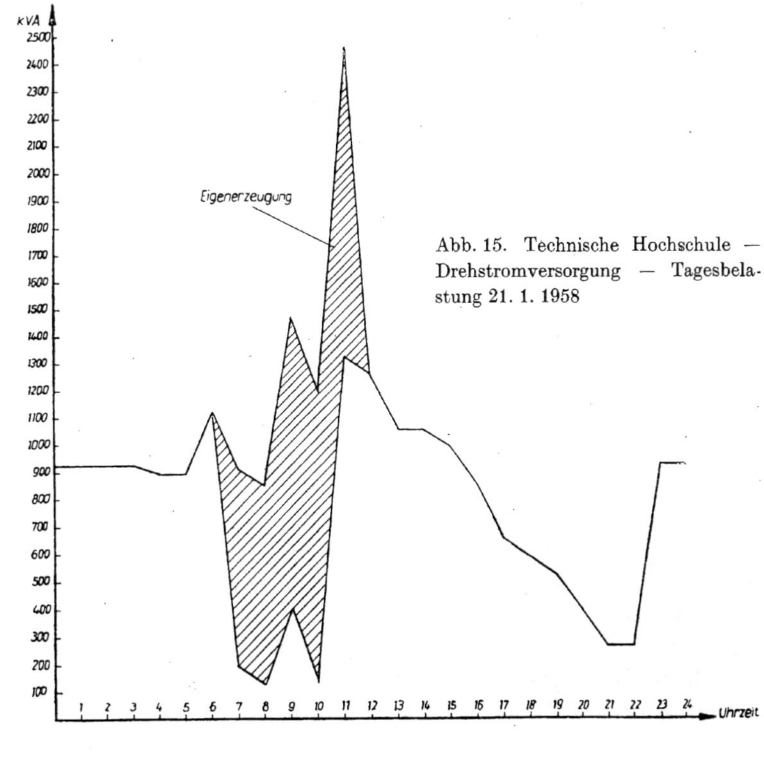

Abb. 15. Technische Hochschule — Drehstromversorgung — Tagesbelastung 21. 1. 1958

Drehstrombelastung zeigt die Abbildung 15. Durch Eigenerzeugung werden die Belastungspitzen abgefangen. Die Inbetriebnahme der Turbine für die Eigenerzeugung erfolgt auch zum Zwecke der Abspannung des Dampfes für Heizzwecke.

Bei Beginn des Baues des Fernwärmeanschlusses wurden unter Verwendung des neuen Turbinensatzes die Gebäude im alten Hochschulgelände mit den 3 obengenannten Heizsystemen versorgt, und zwar mit Niederdruckdampf, Heißwasser und Warmwasser.

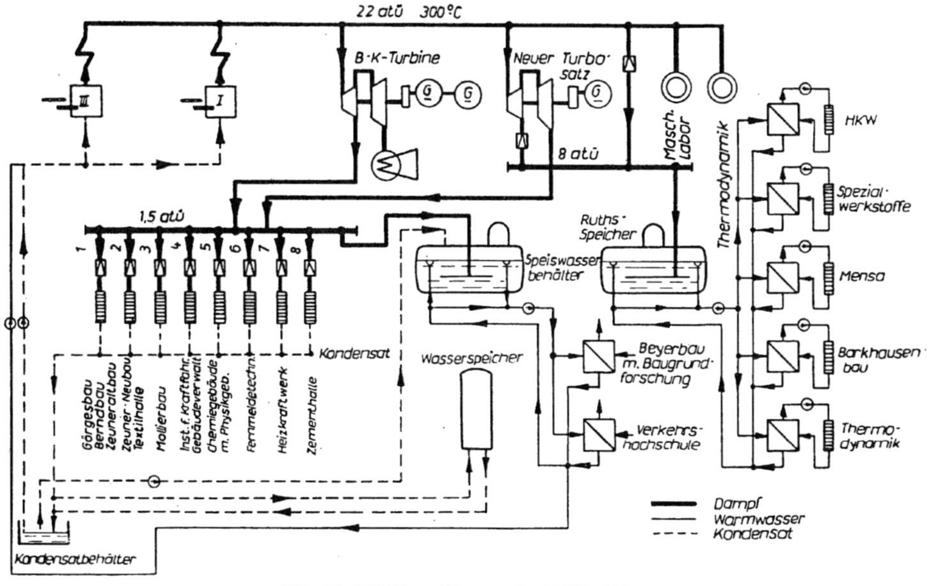

Abb. 16. HKW — Wärmeschaltbild, 1955

Gruppe 1: Niederdruckdampfheizung 0,1 atü.

a) Angeschlossene Gebäude: Zeuneralt- und -neubau mit Textilhalle, Görgesbau, Berndtbau, Mollierbau, Institut für Kraftfahrwesen, Gebäudeverwaltung, Chemiegebäude mit Physikbaracken, Fernmeldetechnik, Heizkraftwerk, Institut für Werkzeugmaschinenkonstruktion.

b) Umbauter Raum: 263 820 m³

c) Installierte Heizfläche: 12 737 m²

d) max. Wärmebedarf: 7,88 Gcal/h

Gruppe 2: Niederdruckdampf- und Warmwasserheizung, gespeist durch das Heißwasser vom Ruths-Speicher.

a) Angeschlossene Gebäude: HKW-Gebäudeteil, Barkhausenbau 1. 2. und 3 Bauabschnitt, Thermodynamik.

b) Umbauter Raum: 114 450 m³

c) Installierte Heizfläche: 8 685 m²

d) max. Wärmebedarf: 3,9 Gcal/h

Gruppe 3: Warmwasserheizung, gespeist vom Speisewasserbehälter.

a) Angeschlossene Gebäude: Beyerbau mit Baugrundforschung, Hochschule für Verkehrswesen.

b) Umbauter Raum: 143 550 m³

c) Installierte Heizfläche: 10 766 m²

d) max. Wärmebedarf: 4,3 Gcal/h

Die Anlagen im HKW, die Fernleitungen im Hochschulgelände, für die die vorhandenen Kanäle benützt wurden, sowie die Anlagen in den einzelnen Gebäuden im alten Hochschul-

Abb. 17. HKW — Kessel- und Maschinenhaus, 1958

Abb. 18. HKW — Pumpenraum, 1958

gelände waren durch die erfolgten Um- und Ergänzungsbauten für den einwandfreien Betrieb bereitgestellt und erfüllten die gestellten Anforderungen.

Ein vereinfachtes Schaltbild zeigt die Leitungsanordnung (Abb. 16). Die folgenden Bilder zeigen Anlagen im HKW und das Gebäude des HKW (Abbildungen 17, 18, 19).

Abb. 19. HKW — Dampfverteiler 1,5 atü, 1958

2.3.2 Gesonderte Heizwerke

Das durch die Straßen George-Bähr-, Berg-, Mommsen- und Helmholtzstraße umfriedete, das sogenannte alte Hochschulgelände, konnte die erforderlichen Neubauten nicht mehr aufnehmen. Im Gelände längs des Zelleschen Weges östlich der Bergstraße im Anschluß an das Pädagogische Institut am Weberplatz und das Gebiet zwischen Helmholtzstraße und Abekenstraße entstanden die ersten Neubauten außerhalb des alten Hochschulgeländes. Diese Bauten konnten vom HKW wegen ihrer entfernten Lage und wegen der unzureichenden Kapazität des Werkes mit Wärme nicht mehr versorgt werden. Es mußten also getrennte Heizwerke errichtet werden. Bis zum Beginn des Baues der Fernwärmeversorgung im Jahre 1956 wurden nachstehende Kesselhäuser errichtet, die ausschließlich der Wärmeversorgung dienten.

Das **Heizwerk östlich des Math.-Physik. Hörsaales am Zelleschen Weg,** im Jahre 1954 errichtet, besteht aus 3 Einflammrohr-Rauchrohrkesseln von je 60 m² Heizfläche für Warmwassererzeugung mit einer Gesamtleistung von 2 Gcal/h. Von diesem Kesselhaus werden versorgt: das Hörsaalgebäude mit Zwischenbau zum Laborflügel für Physik an der Haeckelstraße und die Gebäude I und II für Mathematik am Zelleschen Weg.

Das 1955 errichtete **Heizwerk in der Experimentalphysik** besteht aus 4 Warmwassergliederkesseln von je 62,5 m² Heizfläche mit einer Gesamtleistung von 1,5 Gcal/h. Von diesen Kesseln wurden die in der Haeckelstraße gelegenen Physikgebäude, und zwar der Laborflügel und das Physikpraktikum 1 und 2 versorgt. Im Jahre 1956 wurde auch das inzwischen fertiggestellte Gebäude III für Mathematik am Zelleschen Weg angeschlossen.

Der **Mensa-Neubau** erhielt ein eigenes Heizwerk. Das vor der Zerstörung vorhanden gewesene Studentenhaus südlich der Mommsenstraße wurde nach seiner Instandsetzung für Verwaltungszwecke verwendet und im Jahre 1952 erweitert. Die vorhandenen 3 Gliederkessel reichten für die Versorgung mit Wärme nicht aus (Abb. 20). Für die Wärmeversorgung verwendete man das im umgebauten Ruths-Speicher des HKW erzeugte Heißwasser und schloß das Gebäude an das Heißwassernetz an, das zu dem Institut für Spezialwerkstoffe führte. Es wurden 2 Heißwasser-Dampfumformer mit einer Leistung von je 1 Gcal/h für einen Dampfdruck von 0,5 atü eingebaut (Abb. 21). Diese Anlage versorgt das frühere Studentenhaus und die entstandenen Neubauten, das sind die beiden Saalbauten Ost- und Westflügel, der große Mensasaal und die Mensaküche mit Dampf. Dies gilt aber nur für die Heizperiode, in welcher Zeit das HKW in Betrieb ist. In den Monaten von Anfang Mai bis

Abb. 20. Mensa-Altbau-Kesselanlage, 1958

Abb. 21. Mensa-Altbau-Umformer, 1958

September erfolgt die Dampfversorgung durch die in der Mensa vorhandenen Kessel. Die Niederdruckdampfheizung wurde auch für den Erweiterungsbau beibehalten und für die Saalbauten zusätzlich Luftheizung vorgesehen.

Um den gesteigerten Forderungen durch die Vermehrung der Studentenzahl zu genügen, wurde im Jahre 1955 eine abermalige Erweiterung durch den 3. Bauabschnitt vorgenommen.

Sie besteht aus einer weiteren Kochküche, einem Speisesaal, einem Festsaal und verschiedenen Nebenräumen in der Hallwachsstraße und einer Lebensmittelverkaufsstelle in der Mommsenstraße. Für diesen verhältnismäßig großen Zubau langten die vorhandenen Wärmeerzeuger nicht mehr. Eine neue Kesselanlage in der Helmholtzstraße in Verlängerung des Gebäudes nach der Südseite machte sich notwendig. Zwei Einflammrohr-Rauchrohrkessel von je 125 m² Heizfläche zur Erzeugung von Niederdruckdampf bis 0,5 atü Betriebsdruck und einer Leistung von je 1,5 Gcal/h zur Verbrennung von Rohbraunkohle wurden eingebaut. Für die Säle sah man wieder Luftheizung und für die übrigen Räume Niederdruckdampfheizung vor.

Abb. 22. Mensa-Neubau — Kohlenbunker 1958

Der nach dem Tagesablauf bei der stärksten Belastung ermittelte Tagesbedarf für Raumheizen, Kochen, Warmwassererzeugen und Lüften beträgt rund 17 Gcal. Bei Verbrennung von Rohbraunkohle in den eingebauten Kesseln ergibt sich ein Tagesbedarf von 13,6 t Kohle. Zum Zwecke einer Kohlenbevorratung für 20 Tage war ein Kohlenbunker von einer Fläche von 190 m² notwendig, der unter der Hallwachsstraße errichtet wurde (Abb. 22).

Das **Forschungsinstitut für metallische Spezialwerkstoffe in der Helmholtzstraße** (Deutsche Akademie der Wissenschaften) erhielt ebenfalls eine eigene Heizzentrale. Für den ersten Ausbau dieses Institutes wurde in der Shedhalle im Jahre 1952 ein Anschluß an die Heißwasserleitung der Technischen Hochschule errichtet, die vom Ruths-Speicher gespeist wird.

Für die in den folgenden Jahren durchgeführten Erweiterungsbauten reichte der Anschluß an das HKW für die Wärmeversorgung nicht mehr aus. Deshalb war es nicht zu vermeiden, an der Südseite der Neubauten an der Nöthnitzerstraße im Jahre 1954 ein Kesselhaus zu errichten. In diesem sind eingebaut:

2 Einflammrohr-Rauchrohrkessel für Warmwassererzeugung von je 40 m² Heizfläche und einer Leistung von je 480000 kcal/h,

2 Einflammrohr-Rauchrohrkessel für Dampferzeugung von 0,2 atü von je 25 m² Heizfläche und einer Leistung von je 300000 kcal/h,

1 Einflammrohr-Rauchrohrkessel für Dampferzeugung von 0,2 atü und 10 m² Heizfläche und einer Leistung von 120000kcal/h.

Die Gebäude haben zum Teil eine Warmwasserpumpenheizung (Hauptgebäude) und zum Teil Dampfheizung (Werkhalle). Die Abbildung 23 zeigt die Schwierigkeit für die Kohlenlagerung. Der vorhandene Kohlenbunker reicht nicht aus. Der Kohlenvorrat muß im Freien gelagert werden.

Das **Lehrgebäude Münchner-Platz** (Georg-Schumann-Bau) befindet sich im Justiz-Gebäudekomplex am Münchner-Platz, der im Jahre 1958 an die Technische Hochschule überging. Die nach dem Angriff zerstörten und zum Teil wieder instandgesetzten Gebäude werden für Hochschulzwecke umgebaut. Die hier vorhandene Niederdruckdampfheizung wird von einem

Abb. 23. Spezialwerkstoffe, Kohlenlager im Freien 1958

Kesselhaus gespeist, in welchem sich 4 kombinierte 2-Flammrohr-Rauchrohrkessel von je 175 m² Heizfläche für Dampferzeugung von 8 atü (Baujahr 1905) befinden. Der Dampf wird auf die Gebrauchsspannung der Heizkörper von 0,1 atü reduziert. Im Zuge des Umbaues soll die Heizung auf Warmwasser umgestellt werden (Abbildungen 24 und 25).

Im **Deutschen Amt für Material- und Warenprüfung (DAMW)** (an der Straße Am Gericht) ist für die Werkhalle eine Niederdruckdampfheizung und für das Hauptgebäude eine Warmwasserheizung vorgesehen. Das Gebäude ging im Jahre 1954 in Betrieb. Die Heizzentrale ist an das Kesselhaus im Landgericht angeschlossen und wird mit 8 atü beliefert. Zwei Wärmetauscher Dampf-Warmwasser mit einer Leistung von je 400000 kcal/h versorgen das Netz für die Warmwasserheizung. Ein Warmwasserboiler ist für das Gebrauchswasser vorhanden. Der Dampf für die Niederdruckdampfheizung und für die Wärmetauscher wird auf die Gebrauchsspannung reduziert (Abb. 26).

Das **Institut für Holztechnologie und Faserbaustoffe** (Ministerium für Leichtindustrie) am Zelleschen Weg hat ein eigenes Kesselhaus, in dem im Jahre 1955 eingebaut sind:

Hochdruckdampfkessel für 26 atü und einer Leistung von 2 t/h (Abb. 27) und

1 Einflammrohr-Rauchrohrkessel mit einer Heizfläche von 80 m² für Dampferzeugung von 0,5 atü und einer Leistung von 960000 kcal/h (Abb. 28). Die Kesselanlagen dienten zur Versorgung mit Arbeitsdampf und für die Raumheizung.

Auf dem Gelände des **Pädagogischen Instituts am Weberplatz** in Strehlen wurde nach der Zerstörung ein Gebäudekomplex für die Aufnahme der Fakultät für Berufspädagogik

und Kulturwissenschaft und für die Arbeiter-und-Bauern-Fakultät errichtet. Die Wärmeversorgung übernahm eine Kesselanlage, welche enthält:
5 Gliederkessel von je 50 m² Heizfläche und 1 Gliederkessel mit 52 m² Heizfläche für Nieder-

Abb. 24. Lehrgebäude Münchner Platz — Kesselanlage 1958

Abb. 25. Lehrgebäude Münchner Platz, Kesselhaus, 1958

druckdampferzeugung mit einer Gesamtleistung von 2 Gcal/h. Die Raumheizung wird mit Niederdruckdampf von 0,1 atü betrieben (Abb. 29).

Das **Heizwerk im Botanischen Institut** am Zelleschen Weg (Drudebau) dient der Versorgung des für dieses Institut im Jahre 1952 errichteten Neubaues. Es hat eine Warmwasserheizung mit Zwangumlauf, welche von 2 Einflammrohr-Rauchrohrkesseln von je 20,2 m² Heizfläche und einer Gesamtleistung von 240000 kcal/h versorgt wird (Abb. 30).

Im **Landtechnischen Versuchsgut** an der Kohlenstraße in Dresden ist für die Landmaschinentechnik ein Kesselhaus im Jahre 1954 errichtet worden, das später erweitert werden soll. Hier ist ein Kessel der Harzerwerke mit 18 Gliedern und einer Heizfläche von 56 m² mit Saugzug

Abb. 26. Amt für Material- und Warenprüfung — Dampfstation 1958

Abb. 27. Holztechnologie — Hochdruckkessel, 1958

Abb. 28. Holztechnologie — Niederdruckkessel, 1958

für Dampferzeugung (zulässiger Betriebsdruck 0,5 kg/cm²) eingebaut. Abbildung 31 zeigt die Kesselanlage, Abbildung 32 eine Außenaufnahme. Für das in demselben Gelände untergebrachte Institut für Landtechnische Betriebslehre ist ein Nationalkessel im Jahre 1957 für Warmwassererzeugung bis 100° C mit 10 Gliedern und 10 m² Heizfläche vorhanden.

Abb. 29. Institut am Weberplatz — Dampfverteiler, 1958

Abb. 30. Drudebau — Kesselanlage, 1958

Das **Studentenwohnheim** in der Reichsstraße hat eine Kesselanlage mit 2 Einflammrohr-Rauchrohrkessel von je 60 m² Heizfläche für Warmwassererzeugung zur Speisung der Warmwasserheizung mit Zwangumlauf.

Die **Fakultät für Luftfahrtwesen** ist im Stadtteil Striesen im Bereich der Dürer-Güntzstraße untergebracht. Die hier vorhandenen und noch zu errichtenden Gebäude sollen beim weiteren

Ausbau des Fernwärmenetzes der Stadt Dresden für die Versorgung dieses Gebietes an dieses Netz angeschlossen werden. In der Zwischenzeit werden die zwei vorhandenen Heizwerke herangezogen. Das eine Kesselhaus ist im Studentenwohnheim an der Dürerstraße untergebracht. Hier befinden sich 6 Gliederkessel von je 30 m² Heizfläche für die Warmwasserheizung, von denen 3 für Ölfeuerung (Abb. 33) eingerichtet sind. Ein weiterer Gliederkessel von 22,8 m² Heizfläche für Niederdruckdampferzeugung versorgt die Luftheizung und Warmwasserbereitung. Die Kesselanlage wurde im Jahre 1925 erstellt.

Abb. 31. Landmaschinentechnik – Kesselanlage, 1958

Das zweite Heizwerk ist im Studentenwohnheim an der Güntzstraße im Jahre 1954 errichtet worden. Hier sind 2 Einflammrohr-Rauchrohrkessel von je 100 m² Heizfläche für Warmwassererzeugung und ein gleicher Kessel für Niederdruckdampf eingebaut. Auch letzterer Kessel wurde für Warmwassererzeugung umgestellt, nachdem die dort geplante Mensa, für welche der Dampf erforderlich war, erst später gebaut werden sollte. Von diesem Kesselhaus werden die hier entstandenen Neubauten mittels Fernleitungen versorgt, die nach dem Metagverfahren im Jahre 1956 verlegt wurden. Ein Lageplan, Abbildung 34, zeigt die z. Zt. bestehenden Gebäude und deren Wärmeversorgungsanschlüsse.

Die **Fakultät für Forstwirtschaft** befindet sich in Tharandt. Ein Lageplan, Abbildung 35, zeigt die dort vorhandenen Institute und Gebäude. Die einzelnen Gebäude besitzen Sammelheizungen zum Teil mit Niederdruckdampf und zum Teil mit Warmwasser. Der Roßmäßlerbau hat Ofenheizung. Im Perspektivplan sind wesentliche Erweiterungsbauten vorgesehen. Die Wärmeversorgung der Fakultät soll durch einen Anschluß an die Ferngasleitung erfolgen, die von Lauchhammer nach Karl-Marx-Stadt führt.

2.4 Elektrische und Gasheizung

Es sollen auch noch die beiden anderen Heizungsarten und zwar die elektrische und Gasheizung erwähnt werden, die für die Wärmeversorgung von Gebäuden der Technischen Hochschule herangezogen werden.

2.41 Elektrische Heizung

In den Jahren 1956/57 wurden nördlich der Münchner Straße zehn Baracken für Lehrzwecke errichtet, welche eine elektrische Raumheizung mit Nachtspeicheröfen erhielten. Die Speicheröfen besitzen 3 Leistungsstufen, und zwar für 1,2 kW, 2 kW und 3,2 kW. Sie vermögen bei achtstündiger Aufheizung in der Nacht von 22 bis 6 Uhr 8200, 13700 und 22000 kcal nach der

Abb. 32. Landmaschinentechnik — Kesselhaus, 1958

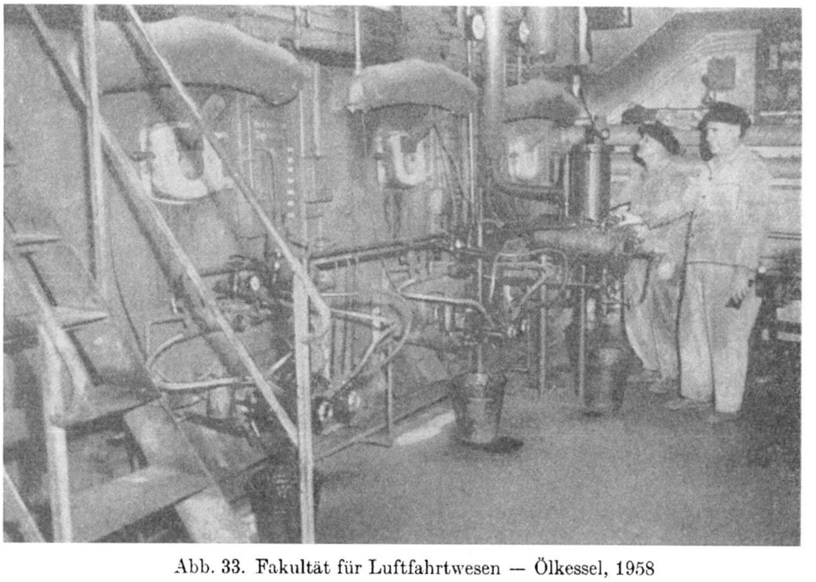

Abb. 33. Fakultät für Luftfahrtwesen — Ölkessel, 1958

eingestellten Ofenleistung aufzuspeichern (Abb. 36). Mit den Leistungsstufen soll die Wärmespeicherung nach der Außentemperatur reguliert werden. Bei der großen Anzahl von 200 Öfen in den 10 Baracken ist die Umstellung auf die einzelnen Leistungsstufen bei jedem Ofen praktisch schwer durchführbar. Die Regulierung geschieht deshalb in der Weise, daß die höchste Leistungsstufe von 3,2 kW eingeschaltet bleibt und die Aufheizzeit im Zeitraum von 22 bis 6 Uhr nach der Außentemperatur mittels einer zentral gesteuerten Schaltuhr eingestellt wird. Im Bedarfsfall können die Öfen über die normale Aufheizzeit in der Nacht hinaus während der lastschwachen Zeit vormittags bzw. nachmittags mit 1 bis 2 Stunden gespeist werden.

Die Speicheröfen sind nicht in der Spitzenbelastungszeit in Betrieb, erhöhen somit nicht die Belastungsspitze, die der Verrechnung des Leistungspreises nach dem bestehenden Tarif

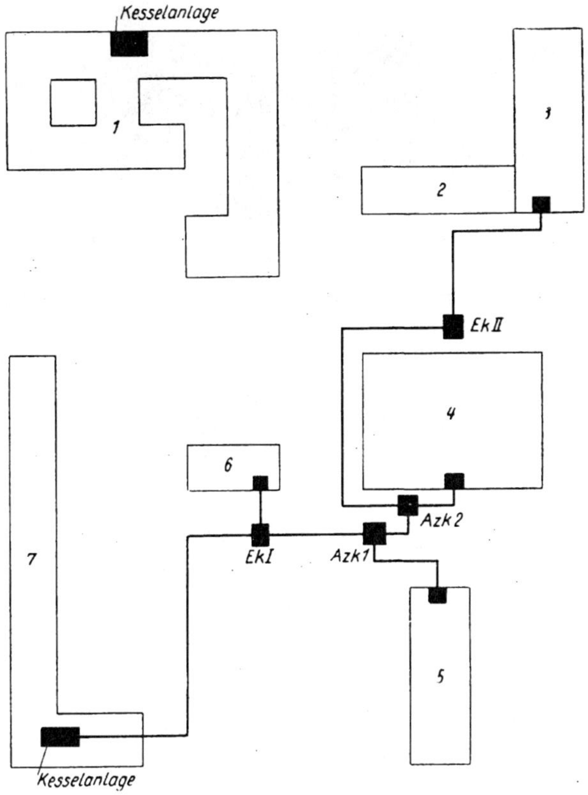

Abb. 34. Fakultät für Luftfahrtwesen — Lageplan, 1958

1 Institut für Luftfahrwesen, für Hygiene und Studentenwohnheim
2 Institut für Strahltriebwerke
3 Metallwerkstatt, Bruchversuchshalle mit Tischlereianbau
4 Windkanal
5 Institut für Aerodynamik
6 Trafostation
7 Studentenwohnheim
Ek Eckkammer
Azk Abzweigkammer

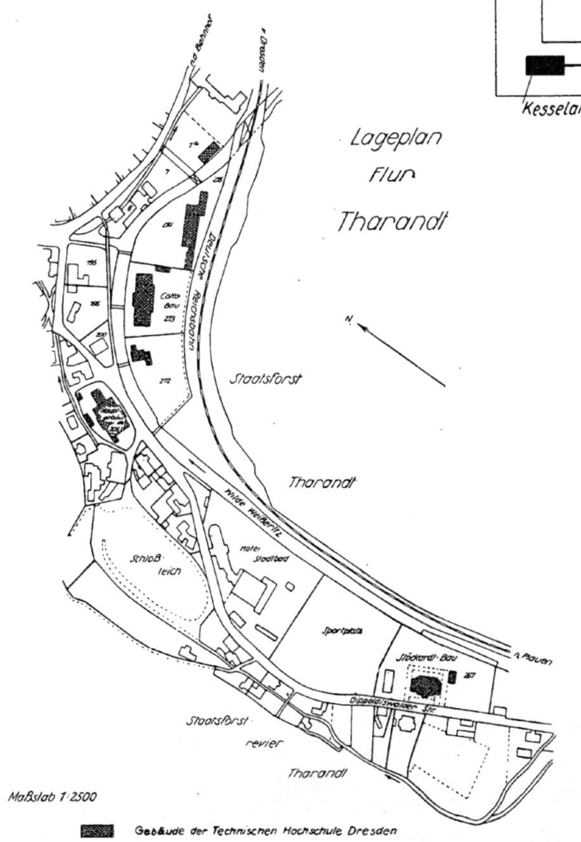

Abb. 35. Forstwirtschaft Tharandt, Lageplan 1958

Abb. 36. Lehrbaracken – Speicheröfen, 1958

zugrunde gelegt wird. Die für die Speicheröfen abgenommene elektrische Arbeit wird also nur für den Arbeitspreis von 2 Pf/kWh berechnet. Für die Tagesabnahme, die ebenfalls nicht in die Spitzenzeit fallen darf, kann der derzeitige Durchschnittspreis von 5 Pf/kWh angesetzt werden.

Der Anschlußwert der 200 Speicheröfen beträgt 640 kW. Die Stromzuführung erfolgt über eine eigene Trafostation mit einer Gesamtleistung von 1250 kVA, wovon 700 kVA für die Heizung und 550 kVA für den übrigen Strombedarf der 10 Baracken bestimmt sind. Die Trafostation ist mittels eines Kabels NAKBA $3 \times 95\,mm^2$, 10 kV an der Drehstromhochspannungsverteilungsanlage im HKW der Technischen Hochschule angeschlossen.

Die Stromversorgung der Baracken erfolgt mit 380/220 V. Der Stromverbrauch für die Speicheröfen beträgt je Jahr etwa 800000 kWh.

2.4.2 Gasheizung

Die in der Hochspannungshalle, jetzt Binderbau, eingebaute Gasheizung wurde vorläufig beibehalten (Abb. 37). Für den nach der Südseite im Jahre 1954 errichteten Erweiterungsbau wurde ebenfalls Gasheizung mit Einzelöfen verwendet. Die Beheizung der Wohnheime der Arbeiter-und-Bauernfakultät am Zelleschen Weg erfolgte ebenfalls mit Gaseinzelöfen.

Abb. 37 Hochspannungshalle – Gasheizkörper, 1958

Die Lage der einzelnen Gebäude und Baracken ist aus dem Übersichtsplan der Technischen Hochschule zu ersehen (Abb. 38). Von der Beschreibung der Heizungsanlagen der hier nicht gesondert angeführten Gebäude wird abgesehen. Es handelt sich größtenteils um kleinere Gebäude, die für den Fernwärmeanschluß nicht in Betracht kommen.

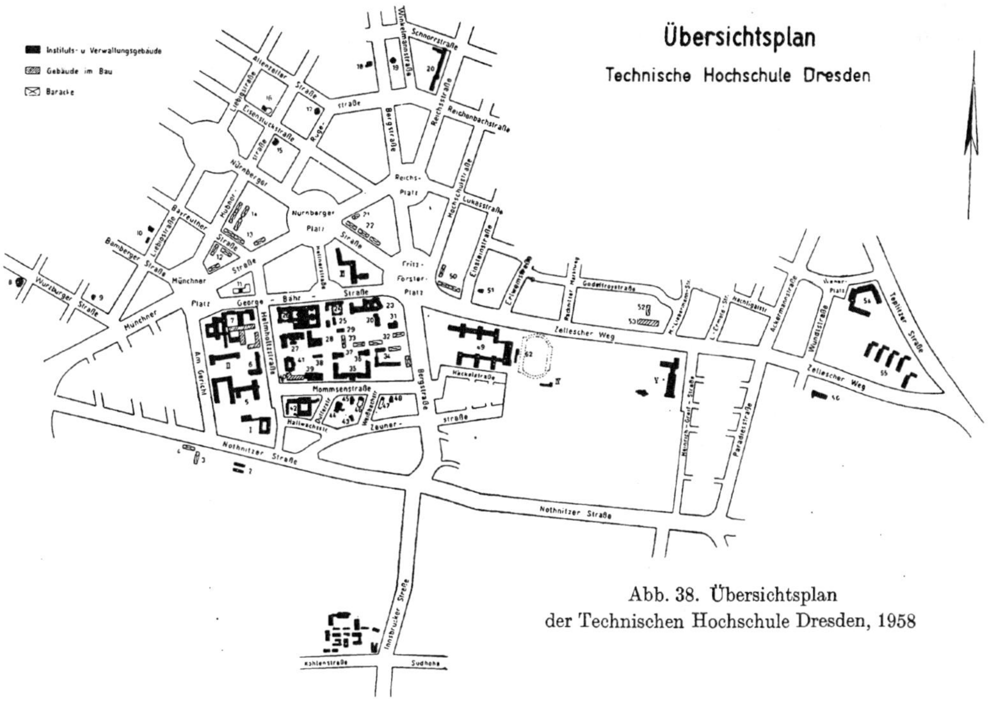

Abb. 38. Übersichtsplan der Technischen Hochschule Dresden, 1958

3. Vorbereitung für die Durchführung des Fernwärmeanschlusses

Bei der eingangs erwähnten richtunggebenden Besprechung im Rektorat war festgelegt worden, daß die Versorgung der Technischen Hochschule durch eine Fernleitung vom Kraftwerk am Fritz-Heckert-Platz zu erfolgen hat. Die Wahl des Wärmeträgers wurde nach längeren Verhandlungen und Untersuchungen dahingehend entschieden, daß Heißwasser mit einer Vorlauftemperatur von 120° C bis 140° C an der Übergabestelle der Technischen Hochschule gewählt wurde, wobei die Rücklauftemperatur nicht höher als 80° C sein soll. Die früher in Aussicht genommene Belieferung mit 12 atü Dampf und einer Energieerzeugung in der Technischen Hochschule oder mit 2,5 atü Dampf wurde aus technischen und wirtschaftlichen Gründen verworfen.

Die Art des Wärmeträgers und die Höhe der Vorlauftemperatur war aus Betriebsrücksichten des Kraftwerkes am Fritz-Heckert-Platz gewählt worden. Die Vorlauftemperatur war bedingt durch den Dampfentnahmedruck der Turbinen, der wegen der erforderlichen hohen Energieausbeute möglichst tief gehalten wurde. Das Kraftwerk kann im erweiterten Zustand etwa 240 t/h Dampf abgeben, wovon 120 t/h Dampf für die Technische Hochschule zur Verfügung stehen, was dem Bedarf der Technischen Hochschule mit etwa 75 Gcal/h beim zur Zeit der Planung der Fernwärmeversorgung übersehbaren Ausbau der Technischen Hochschule entspricht.

Wie oben ausgeführt wurde, waren z. Z. des Anschlusses an das Fernwärmenetz in einem Großteil der Institute Niederdruckdampfheizungen vorhanden. Es ist geplant, diese früher oder später auf Warmwasserheizungen umzustellen. Da eine solche Umstellung jedoch eine längere Zeit in Anspruch nimmt, mußten für die Übergangszeit auch die Niederdruckdampfheizungen an das Fernwärmenetz angeschlossen werden, wozu die Stadt entgegen den allgemeingültigen Bestimmungen ihre Zustimmung gab. Die Errichtung einer zentralen Umformerstation von Heißwasser auf Dampf, die unter Verwendung des Rohrleitungsnetzes im Hochschulgelände die mit Niederdruckdampf geheizten Institute beliefern sollte, mußte ausscheiden, weil das Rohrnetz für 1,5 atü ausgelegt ist und das Heißwasser bei 120° C diesen Druck nicht zu erzeugen vermag. Es mußte daher in die einzelnen Gebäude das Heißwasser geleitet und hier auf Dampf von 0,1 atü oder auf Warmwasser von 90/70° C für die warmwasserbeheizten Gebäude umgeformt werden. Die vorhandenen Kanäle konnten die neuzuverlegenden Heißwasserleitungen nicht mehr aufnehmen, so daß ein gesondertes Rohrnetz für die Fernwärmeversorgung vorzusehen war. Aus Betriebssicherheitsgründen sollen die vorhandenen Versorgungsanlagen für die Übergangszeit bestehen bleiben, die später auch als Reserve zu dienen haben. Es war ferner vorgesehen, in Spitzenbelastungszeiten die Temperatur des Heißwassers in Nachwärmern durch den Abdampf der neuaufgestellten Turbine zu erhöhen.

Das Aufgabengebiet wurde nach 2 Gruppen unterschieden, und zwar haben die Anlagen im Kraftwerk Dresden am Fritz-Heckert-Platz und die Fernleitung zur Technischen Hochschule einschließlich der Einrichtung der Übergabestation die Energieversorgung Dresden durchzuführen, während das Gebäude für die Übergabestation sowie die Fernleitungen im Hochschulgelände und die erforderlichen Heizzentralen in den zu versorgenden Gebäuden von der Technischen Hochschule zu errichten sind. Im Sinne dieser Aufteilung wurde auch die Projektierung durchgeführt. Das Projekt für die Energieversorgung Dresden führt die Energieprojektierung Berlin durch (Unterprojektant: VEB Metallurgie-Projektierung Dresden), während die Projektierung für die Technische Hochschule das Entwurfsbüro für Industriebau des Ministeriums für Aufbau in Dresden übernahm. Zur Zeit der Inangriffnahme der Projektierung betrug der umbaute Raum der vorhandenen und projektierten Hochschulbauten 2349050 m³ mit einem Gesamtwärmebedarf von 72,52 Gcal/h.

4. Beschreibung der Anlagen

4.1 Kraftwerk Dresden am Fritz-Heckert-Platz

Das Kraftwerk besteht seit dem Jahre 1895 und diente damals ausschließlich der Stromerzeugung [10, 11]. Die Leistung der eingebauten Maschinen langte bald nicht mehr aus, um den steigenden Bedarf der wachsenden Stadt Dresden zu decken. Auch der inzwischen eingeführte Fremdstrombezug sollte wegen der unvermeidlichen Störungen durch Eigenerzeugung ersetzt werden. Der Dresdener Stadtbaurat, Dr.-Ing. Wahl, schlug außerdem eine Verbesserung der Wärmewirtschaft durch Angliederung einer Fernheizung vor, die um so notwendiger war, als das Werk auch zur Spitzenbelastungsdeckung herangezogen werden sollte, wodurch bei stark schwankender Leistungsabgabe mit einer ungenügenden Belastung der Kessel gerechnet werden mußte. Im Jahre 1925/26 erfolgte bei gleichzeitiger Erweiterung des Werkes der Bau eines Dampffernnetzes. Im Jahre 1927 wurde mit dem Bau der Fernleitungen eines Heißwassernetzes begonnen.

Das im Jahre 1900 — 1902 nach den Plänen von Professor Pfützner erbaute Staatliche Fernheiz- und Elektrizitätswerk wurde im Jahre 1928 von der Stadt übernommen und durch eine Dampffernleitung an das Werk am Fritz-Heckert-Platz angeschlossen. Dieses Staatliche Fernheiz- und Elektrizitätswerk ist das erste größere europäische Fernheizwerk.

Nach dieser Zeit wurden das Werk und die Wärmeversorgungsleitungen dauernd erweitert. Ein übersichtliches vereinfachtes Wärmeschaltbild zeigt diejenigen Anlagen, die dem Anschluß der Technischen Hochschule dienen (Abb. 39).

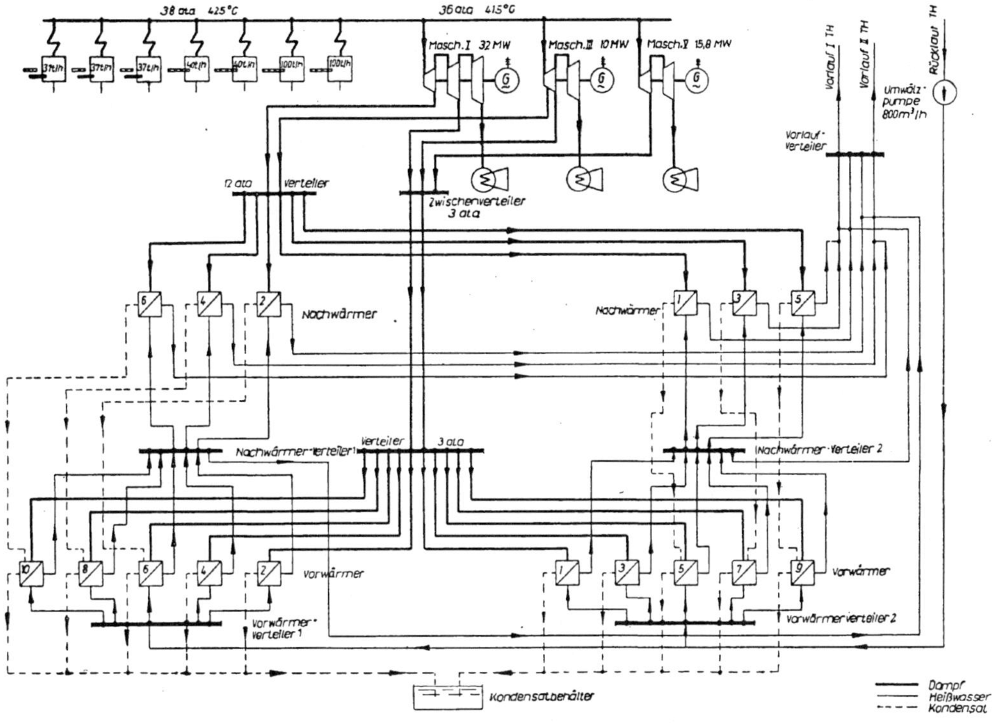

Abb. 39. HKW — Stadt Dresden, Wärmeschaltbild, 1958

4.2 Fernleitung zur Technischen Hochschule

Die Fernleitung verläuft vom Heizkraftwerk am Fritz-Heckert-Platz längs der Ammonstraße, kreuzt die Freiberger-, Rosen- und Falkenstraße und das Bahngelände an der Falkenbrücke mit einer gesonderten Brückenkonstruktion und führt nach der Schweizerstraße. Von dort biegt die Leitung rechtwinklig ab und führt entlang der Kaitzerstraße zur Eisenstuckstraße, kreuzt diese und verläuft längs der Ruge,- Nürnberger Straße weiter durch den Nürnberger Platz und über die Hettner- und George-Bähr-Straße ins Gelände der Technischen Hochschule. Die Länge der Trasse vom Heizkraftwerk der Stadt bis ins Gelände der Technischen Hochschule beträgt etwa 3 km. Für die Wahl dieser Trasse war nicht nur die Geländeart, sondern auch der Gesichtspunkt maßgebend, daß durch diese Leitung das Industriegebiet der Zwickauer Straße versorgt werden soll. Außerdem bietet diese Leitungsführung eine kurze Verbindungsmöglichkeit an das bei der Nossener Brücke später zu errichtende Heizkraftwerk.

Von der Ecke Kaitzerstraße und Leubnitzer Straße wird später eine durch die Leubnitzer- und Schnorrstraße führende Leitung gehen, welche für die Versorgung der Verkehrshochschule dienen soll. An diese Leitung wird auch das Wohnheim der Technischen Hochschule an der Reichsstraße angeschlossen.

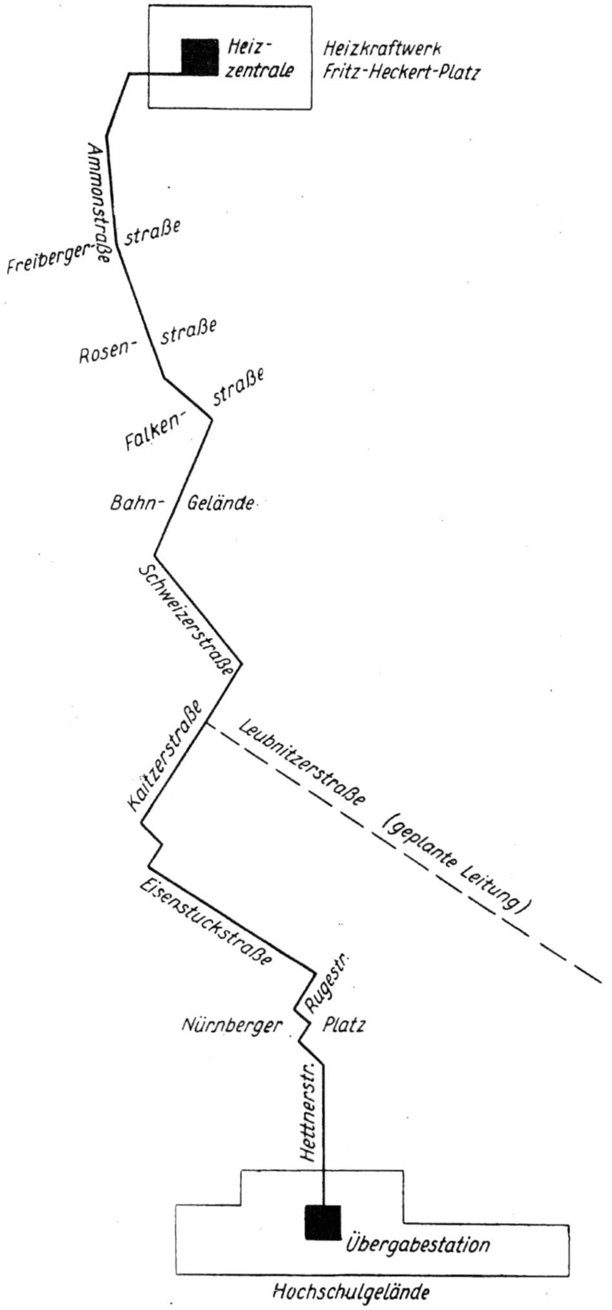

Abb. 40. Fernleitung zur Technischen Hochschule im Stadtgelände, 1958

Ein Lageplan zeigt den Verlauf der gewählten Trasse zur Technischen Hochschule (Abb. 40). In diese Trasse zur Technischen Hochschule wurden 3 Leitungen verlegt und zwar im ersten Teilstück bis zur Abzweigung in Richtung Schnorrstraße zwei Vorlaufrohre mit NW 400 und ein Rücklaufrohr mit NW 600 und im zweiten Teilstück von der Abzweigung bis zur Technischen Hochschule zwei Vorlaufrohre mit NW 350 und ein Rücklaufrohr mit NW 500.

Drei Leitungen wurden aus Betriebs- und Sicherheitsgründen gewählt. Bei Betriebsstörungen an einer Leitung soll die gestörte Leitung außer Betrieb genommen und der Betrieb mit den 2 restlichen Leitungen aufrechterhalten werden. Bei niedrigen Belastungen werden die beiden Rohre mit den kleineren Durchmessern als Vorlauf- und Rücklaufleitungen betrieben.

Die Rohre sind in Kanälen verlegt. Die beiden Vorlaufrohre NW 400 bzw. 350 liegen unten und in der Mitte über den beiden Rohren läuft das Rücklaufrohr NW 600 bzw. NW 500 (Abb. 41). Die Abdeckung des Kanals erfolgt mit bogenförmigen Betonfertigteilen, die auf der Sohle des Kanals aufgesetzt werden (Abb. 42). Den Kanalquerschnitt mit den aufgesetzten Hauben zeigt Abbildung 43. Die Stoßfugen werden mit Asphaltmasse abgedichtet. Die Wärmeisolierung erfolgt mit Glaswollmatten, 2 Lagen Dachpappe übernehmen den Feuchtigkeitsschutz. Die gewählten Rohrdurchmesser einschließlich der Isolierung erfordern eine lichte Kanalhöhe von rund 2 m und an der Sohle eine Breite von ebenfalls rund 2 m. Die Kanäle sind nicht begehbar und nur bedingt bekriechbar. Der freibleibende Zwischenraum in den Kanälen ermöglicht jedenfalls ein Durchleuchten der Kanäle. Die Erddeckung beträgt 80 cm bis 1 m. Sie hängt auch davon ab, wie tief der Kanal wegen der

Versorgungsleitungen für Schleusen, Gas, Wasser u. dgl. gelegt werden muß. Für die Festpunkte und die Dehnungsbögen sind entsprechende Bauwerke aus Beton vorgesehen.

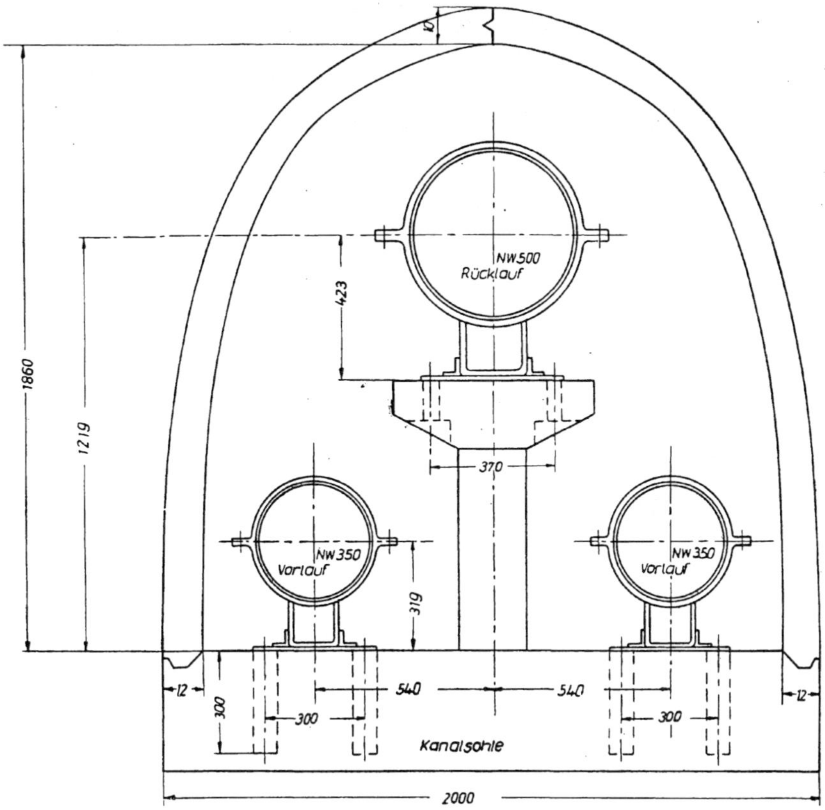

Abb. 41. Fernleitung zur Technischen Hochschule, Kanalprofil

4.3 *Übergabestation*

Die von der Stadt ankommenden zwei Vorlaufleitungen NW 350 und die Rücklaufleitung NW 500 führen in der Übergabestation zu dem Vor- und Rücklaufverteiler, von welchen die Fernleitungen im Hochschulgelände abzweigen. Die Leitungen und die eingebauten Absperrorgane sind derart angeordnet, daß die erforderlichen Betriebsmöglichkeiten auf einfache Weise eingestellt werden können.

Wie bereits unter Punkt 3 angegeben wurde, war vorgesehen, in den Spitzenbelastungszeiten die Temperatur des Vorlaufes in der Technischen Hochschule zu erhöhen, um mit einem größeren Wärmegefälle den erhöhten Bedarf decken zu können. Es wurden drei Nachwärmer eingebaut, welche die Firma F. Mattick, Pulsnitz, lieferte. Diese sind für folgende Betriebsdaten ausgelegt:
Heizleistung: 5 Gcal/h, Wasserdurchsatz: 500 t/h, höchster Betriebsdruck auf der Wasserseite: 16 atü, Wassereintrittstemperatur: 125° C, Wasseraustritt: 135° C und höchster Betriebsdruck auf der Dampfseite: 6 atü. Die Nachwärmer sollen normal mit dem Gegendruckdampf der neuen Turbine von 2,7 ata betrieben werden. Bei einer Leistung von 5 Gcal/h beträgt die Dampfmenge bei 2,7 ata Gegendruckdampf je Nachwärmer 9,1 t/h. Der im Projekt vorgesehene Spitzenbedarf beim Endausbau der Technischen Hochschule von 75 Gcal/h wird

bei Verwendung der drei Nachwärmer mit einer Wasserumwälzmenge von 1500 t/h und einer Temperaturdifferenz von 50° C (40° C von der Stadt und 10° C durch die Nachwärmer) gedeckt,

Abb. 42. Fernleitung zur Technischen Hochschule, Abdeckplatten

Abb. 43. Fernleitung zur Technischen Hochschule, Kanalstrecke

wobei ein Dampfbedarf von etwa 26 t/h auftritt, der z. T. von der Turbine bei Vollast mit 17,5 t/h und der Rest von den Kesseln direkt über Drosselanlagen geliefert wird.

Die Nachwärmer können auch für Versuche für den neueinzubauenden Hochdruckdampfkessel von 80 atü verwendet werden, um den dort erzeugten Dampf bei entsprechender Druckminderung zu kondensieren.

Zur Zeit der geringen Belastung sind nur die beiden Leitungen NW 350 im Betrieb, wobei die eine als Vorlauf- und die zweite als Rücklaufleitung dient. Die eingebauten Kurzschlußleitungen dienen zum Anfahren bei Betrieb mit beiden Leitungen NW 350 und beim Betrieb mit allen drei Leitungen.

An den Vor- und Rücklaufverteilern sind die abgehenden bzw. die ankommenden Leitungen für die in 4 Gruppen unterteilten Wärmeabnehmer der Technischen Hochschule angeschlossen, und zwar:

1. Beyerbau mit Verkehrshochschule und das Institut für Verbrennungsmotoren und Kraftfahrwesen, NW 200;
2. die Institute in Richtung Zeunerbau, NW 300;
3. der Südweststrang für den Anschluß der Gebäude in Richtung Thermodynamik und die Chemiegebäude, NW 400;
4. der Oststrang in Richtung Zellescher Weg, NW 400;
5. ein Reserveanschluß, NW 200.

In der Übergabestation erfolgt auch die Messung für die gelieferte Wärme durch eine Meßblende, die in der Rücklaufleitung eingebaut ist und durch die Temperaturdifferenz von Vor- und Rücklauf. Das Übersichtsschaltbild (Abb. 44) zeigt die Anordnung. Die Pfeile an

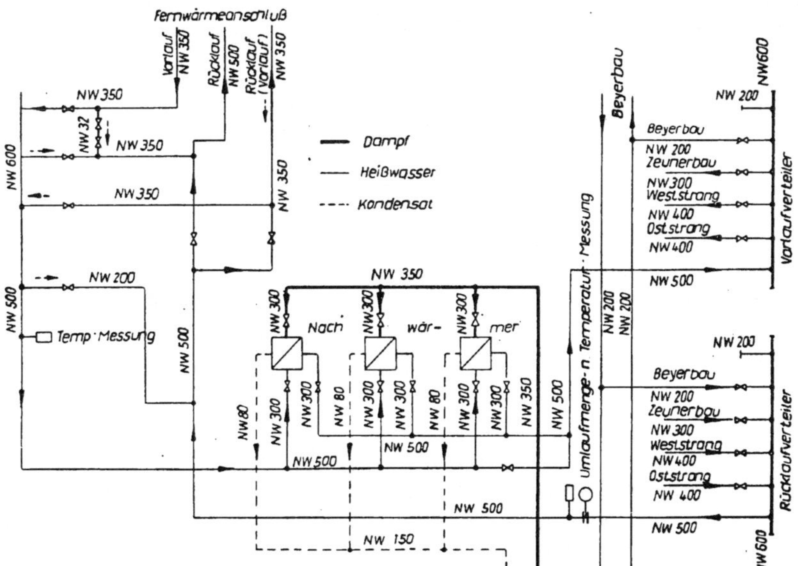

Abb. 44. Übergabestation, Wärmeschaltbild, 1958

den gestrichelten Linien zeigen bei entsprechender Stellung der Absperrorgane die Betriebsmöglichkeiten mit den drei Leitungen und mit den Kurzschlußverbindungen. Die Anlagen wurden im Jahre 1957/58 erstellt. Die Abbildungen 45, 46 und 47 zeigen Aufnahmen des Gebäudes und der Inneneinrichtungen.

Um noch in den Zeiten mit ausreichender Vorlauftemperatur Gegendruckdampf aus dem Heizkraftwerk der Technischen Hochschule für die Heizung unterbringen zu können, ist beabsichtigt, mit Hilfe einer Umwälzpumpe Rücklaufwasser in den Nachwärmern auf Vorlauftemperatur zu bringen.

Abb. 45. Übergabestation, Ansicht 1958

4.4 Fernleitung im Hochschulgelände

4.4.1 Trassenwahl

Die Wahl der Trasse im Hochschulgelände war durch die örtliche Lage der an das Fernwärmenetz anzuschließenden Gebäude gegeben. Während der nach Osten führende Leitungsstrang großenteils im unbebauten und im Freigelände geführt werden konnte, mußten die nach Westen und Süden führenden Leitungsteile durch das sehr eng bebaute Hochschulgelände geführt werden, wozu z. T. auch die Kellergeschosse von den Gebäuden verwendet werden konnten, um die hier dicht verlegten Versorgungsleitungen Gas, Wasser, Schleusen, Stark- und Schwachstromkabel nicht unterbrechen zu müssen.

Die Leitungsstrecke nach Osten kreuzt die Bergstraße und zweimal den Zelleschen Weg. In diesen Straßen liegen nicht nur sehr viele Versorgungsleitungen in verschiedenen Tiefen, sondern weisen auch als Durchzugsstraßen einen dichten Verkehr auf. Um das Aufgraben der Straßen, das wegen des Verkehrs nur halbseitig hätte durchgeführt werden können, und um außerdem die Hauptwasserleitungen nicht zu gefährden, wurde vereinbart, die Schutzrohre für die Wärmeleitungen durch die Straße zu drücken. Wegen des geringen Abstandes zwischen den Wasserleitungen und den Entwässerungsrohren mußten die Durchdrückungsrohre mit einer lichten Weite von 1200 mm unterhalb des Entwässerungsrohres, etwa 5 m unter Straßenterrain, durchgestoßen werden. Die Baugrube für die Unterbringung des Druckgerätes auf der Westseite der Bergstraße mußte noch entsprechend tiefer ausgeschachtet werden. Das Durchdrückungsgerät hatte eine Leistung von 200 t. Für die Druckleistung steht ein mittels Handpumpe erzeugter Öldruck von 400 at zur Verfügung. Der aufgewendete Druck betrug bei einer Rohrlänge von etwa 16 m im Erdreich 160 at. Wenn die Durchdrückung auf der

Abb. 46. Übergabestation, Leitungseintritt, 1958

Abb. 47. Übergabestation, Anschluß — Nachwärmer, 1958

gesamten Straßenbreite nicht gelang und der Rest der Straße mit anderen Behelfen für die Einbringung der Schutzrohre aufgegraben werden mußte, so lag das nicht an der Art der Durchquerung der Straße, sondern in der Durchführung der Arbeiten. Schwer zu schaffen machte auch die Wasserhaltung in den tief ausgeschachteten Baugruben. Diese baulichen Maßnahmen verzögerten den Fortgang der Arbeiten. Die Leitung konnte erst Ende 1958 in Betrieb genommen werden.

Die Kreuzung des Zelleschen Weges für den Leitungsanschluß nach der Kerntechnik wurde ebenfalls mit dem Durchdrückungsverfahren mit den gleichen Rohrdimensionen durchgeführt, wobei wegen der hier liegenden und der projektierten Versorgungsleitungen mit den

Schutzrohren unter die Schleuse gegangen werden mußte, was Baugruben bis zu 7 m unter dem Straßenterrain erforderte. Auch hier ergaben sich bei der Ausführung Schwierigkeiten,

Abb. 48. Straßendurchdrückung, Preßzylinder, 1958

Abb. 49. Straßendurchdrückung, Anordnung der Durchdrückungsrohre

die den baulichen Ablauf verzögerten. Die Abbildungen 48 und 49 zeigen die Anordnung und die Art der Arbeiten bei der Durchdrückung.

Für den Anschluß der Holztechnologie mußte der Zellesche Weg abermals unterführt werden. Die Lage der Versorgungsleitungen an dieser Stelle des Zelleschen Weges ließ es zu, das Schutzrohr in eine geringere Tiefe zu verlegen. Außerdem konnten die Heißwasserrohre wegen ihres geringeren Querschnittes in ein Schutzrohr gelegt werden. Dadurch war die Möglichkeit gegeben, die Straße halbseitig aufzugraben und das Schutzrohr einzulegen, ohne daß der Verkehr auf dieser Straße unterbrochen wurde. Abbildung 50 zeigt die halbseitige Ausschachtung zum Einbringen des Schutzrohres auf dieser Straßenhälfte. Der Hintergrund dieses Bildes zeigt den vorbeifahrenden O-Bus auf der bereits fertiggestellten Straßenhälfte nach Einlegen des Rohres und den Neubau des Fakultätsgebäudes für die Kerntechnik. In Abbildung 51 ist der Anschluß der Leitungsrohre vom Schutzrohr bis zum nächsten Bauwerk dargestellt.

Für die Trassen der von der Hauptleitung anzuschließenden Gebäude wurde die kürzeste Verbindungsstrecke gewählt.

Abb. 50. Schutzrohr für Holztechnologie, 1958

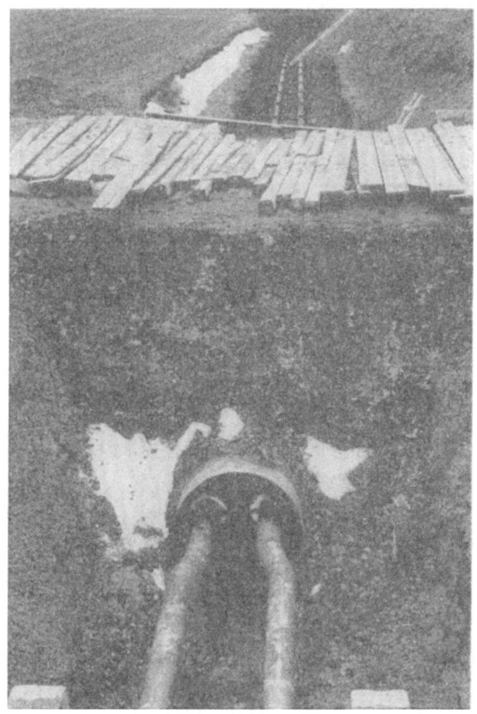

Abb. 51. Schutzrohr mit 2 Leitungen, 1958

4.4.2 Rohrmaterial

Die im Hochschulgelände verlegten Rohre für die Fernleitungen und für die Anschlußleitungen zu den einzelnen Instituten entsprechen den erforderlichen Betriebsverhältnissen von 20 atü und 140°C. Für die Ausführung wird der Nenndruck 25 gewählt. Bis NW 150 werden nahtlose Flußstahlrohre St 35,8 I und für die übrigen Nennweiten geschweißte Stahlrohre C 12 I verwendet. Die geschweißten Rohre sowie die Faltenbögen lieferte der VEB Rohrleitungsbau Bitterfeld aus Blechen der Güteklasse Mb 12 und stellte sie in Längen bis zu 8 m her. Im Werk durchgeführte Längs- und Querschweißnähte sowie die an der Baustelle ausgeführten Querschweißnähte wurden nach fertiggestellter Montage vor der Anbringung der Isolierung aufgenommen und in einem Revisionsplan verzeichnet. Dies soll das spätere Aufsuchen von etwa auftretenden Leckstellen an den Rohren erleichtern.

4.4.3 Verlegungsart der Wärmeleitungen

Wie oben erwähnt, waren die Fernleitungen in der Technischen Hochschule beim ersten Ausbau im Jahre 1905 in begehbaren Kanälen verlegt worden. Es wurden Untersuchungen angestellt, ob bei dieser Verlegungsart zu verbleiben ist oder eine andere Verlegung gewählt werden soll. Die jahrzehntelangen Erfahrungen in der Technischen Hochschule und auch in der Stadt Dresden, die ebenfalls beim ersten Fernheizwerk solche Kanäle verwendete, haben gezeigt, daß Nacharbeiten durch Störungen an Rohren oder eine dauernde Kontrolle, für welche u. a. die Begehbarkeit der Kanäle notwendig gewesen wäre, nicht erforderlich sind. Außerdem hätte im dicht bebauten Hochschulgelände das Ausschachten für die verhältnismäßig großen Kanäle Schwierigkeiten bereitet. Auch für die Zuführungsleitung zur Technischen Hochschule wurden begehbare Kanäle nicht angewendet. Der Kostenaufwand für

Abb. 32. Rohrverlegung nach Metag, blanke Rohre in Kugellagern. 1953

die Verlegungsart der Rohrleitungen sollte nicht unbeachtet bleiben. Im Hochschulgelände werden nur zwei Rohre, eine Vorlauf- und eine Rücklaufleitung verlegt, was nicht ohne Einfluß auf die Wahl der Verlegungsart blieb. Es wurden auch die Erfahrungen mit erdverlegten Leitungen nach dem Metagverfahren herangezogen, die insbesondere im Fernheizwerk Forst-Lausitz und im Gebiet der Fakultät für Luftfahrtwesen gemacht wurden. Schließlich entschied man sich, für die geraden Strecken auch in diesem Gelände erdverlegte Leitungen zu verwenden und die übrigen Strecken, z. T. in begehbaren, bekriechbaren oder auch in weder begehbaren noch bekriechbaren Kanälen zu verlegen. Als Isolierung wurde durchweg Glaswolle verwendet.

Auf die Rohre, die nach dem Metagverfahren direkt in die Erde verlegt sind, werden in Abständen von etwa 20 cm Stützringe aufgesetzt, zwischen denen die Glaswolle lose so aufgebracht ist, daß sie nicht zusammengedrückt werden kann. Die Distanzstege, die auf dem blanken Rohr aufliegen, besitzen an der Ringbefestigung eine Asbestzwischenlage, die die Wärmeübertragung auf den Ring verhindert. Die Stärke der Glaswollisolierung ist durch die Distanzstege gegeben und beträgt 70 mm. Auf dieser Isolierung liegt eine Lage Wellpappe, die mit Eisendrähten auf den Stützringen gehalten wird. Das darüber liegende Rohrgeflecht bildet die Unterlage für einen Zementmantel, der in 2 Schichten aufzubringen ist. Zwischen den beiden Schichten liegt eine 8 mm starke Eisenarmierung, die am Umfang in Abständen von 10 cm eingelegt wird. Über dem mit 3fachen Bitumenanstrich versehenen Hartzementmantel liegt eine Lage Dachpappe, deren Stöße in der Längs- und Querrichtung sowie die gesamte Dachpappe ebenfalls einen Bitumenanstrich erhalten. Die Aufbringung des Wärmeschutzes und des Zementmantels sowie des Feuchtigkeitsschutzes erfolgt zwischen den in Abständen von 6—8 m eingebauten Kugellagern, deren Tragkonstruktion im Betonsockel festgemacht ist. Bemerkt wird, daß zum Anbringen der zweiten Hälfte des Zementmantels dieser mit der Isolierung gedreht wird, um für diese zweite Hälfte den Zementmantel nicht über Kopf anbringen zu müssen. Die Kugellager werden ebenfalls mit Glaswolle isoliert und erhalten einen Sockeloberteil. Bei der Verlegung der Leitungen wird besonders darauf geachtet, daß der äußere Schutzmantel nicht beschädigt wird. Die Leitungen sind deshalb zunächst nur mit gesiebtem Sand abzudecken, ehe die Erdgrube zugefüllt wird. Ein besonderes Augenmerk ist darauf zu legen, daß

Abb. 53. Rohrverlegung nach Metag. Einlage der Glaswolle, 1956

Abb. 54. Rohrverlegung nach Metag, Eiseneinlage im Zementmantel, 1956

die Rohrbettung mit gesiebtem Sand gut ausgefüllt und festgestampft wird, damit nicht Zwischenräume entstehen, die eine übermäßige Belastung des Rohrmantels durch das darüberliegende Erdreich verursachen könnten. Bei der Rohrdehnung schiebt das Rohr, geführt durch die Kugellager, in der Isolierung, die mit dem Zementmantel im Erdreich festliegt. Die folgenden Abbildungen zeigen den Arbeitsgang: Abb. 52 die blanken Rohre in den Kugellagergestellen, Abb. 53 das Einbringen der Glaswollisolierung auf den mit Distanzringen versehenen Rohren, Abb. 54 das Einlegen der Eiseneinlagen in den ersten Zementmantel und Abb. 55 die fertige Rohrstrecke vor der Sand- und Erdverfüllung. Abb. 56 zeigt Längs- und Querschnitt der Verlegungsart.

Abb. 55. Rohrverlegung nach Metag, fertige Rohrstrecke, 1957

Als erste Teilstrecke wurden die Leitungen nach Osten zur Versorgung der Neubauten in Richtung Zellescher Weg in den Jahren 1957/58 verlegt, um die dort vorhandenen Heizzentralen stillegen zu können. Der Großteil der Strecke ist nach dem Metagverfahren verlegt, während für kürzere Teilstrecken Kanäle verwendet wurden. In den Kanälen sind der Boden und die Seitenwände in Ortbeton ausgeführt, für die Abdeckung werden fertige Betonplatten verwendet. Der Kanalquerschnitt richtet sich nach den dort verlegten Rohrquerschnitten. Bei einer Nennweite von 400 mm für die Vor- und Rücklaufleitung beträgt die lichte Breite 2,1 m und die lichte Höhe 1,5 m. Die Kanalwände und die Kanalabdeckung erhalten einen Bitumenanstrich, der das Eindringen von Feuchtigkeit in den Kanal verhindert. Die Isolierung der Rohre in den Kanälen erfolgt ebenfalls mit Glaswolle. Hier werden auf das Rohr Glaswollmatten mit einer Stärke von 60 mm gelegt. Darüber befindet sich eine Lage Schilfrohrgeflecht und eine Lage Dachpappe mit Bitumenanstrich. Mit einer Rohrschelle, die unter der Isolierung liegt, ist eine Tragkonstruktion für die Rohre verbunden, die auf einer in der Kanalsohle befindlichen U-Gleitschiene ruht. Diese Schiene wird in den Kanalwänden gehalten. In den Kanälen bewegt sich das Rohr mit der Isolierung bei der Rohrdehnung mit.

Die Rohrdehnung wird in den Eckpunkten der Kanäle aufgenommen. In den geraden Strecken werden in Abständen von etwa 50 m U-Bögen mit Faltenrohren eingebaut, die in Betonkammern untergebracht sind. Der Bau der Ausdehnungskammern, die Isolierung der Rohre in den Kammern und in den Durchdrückungsrohren erfolgte in der gleichen Weise wie bei den Kanälen. Die Leitungsrohre lagern mit 2 Stützen und Gleitschuhen in dem Schutzrohr.

4.4.4 Feuchtigkeitskontrolleinrichtung

Bei den erdverlegten Leitungen sind die Rohre von außen nicht kontrollierbar. Es ist aber wünschenswert, den Feuchtigkeitszustand der Glaswollisolierung, der ein Bild über die Arbeitsweise des Wärmeschutzes gibt, zu kennen und zu überwachen. Bei Schadhaftwerden der Rohr-

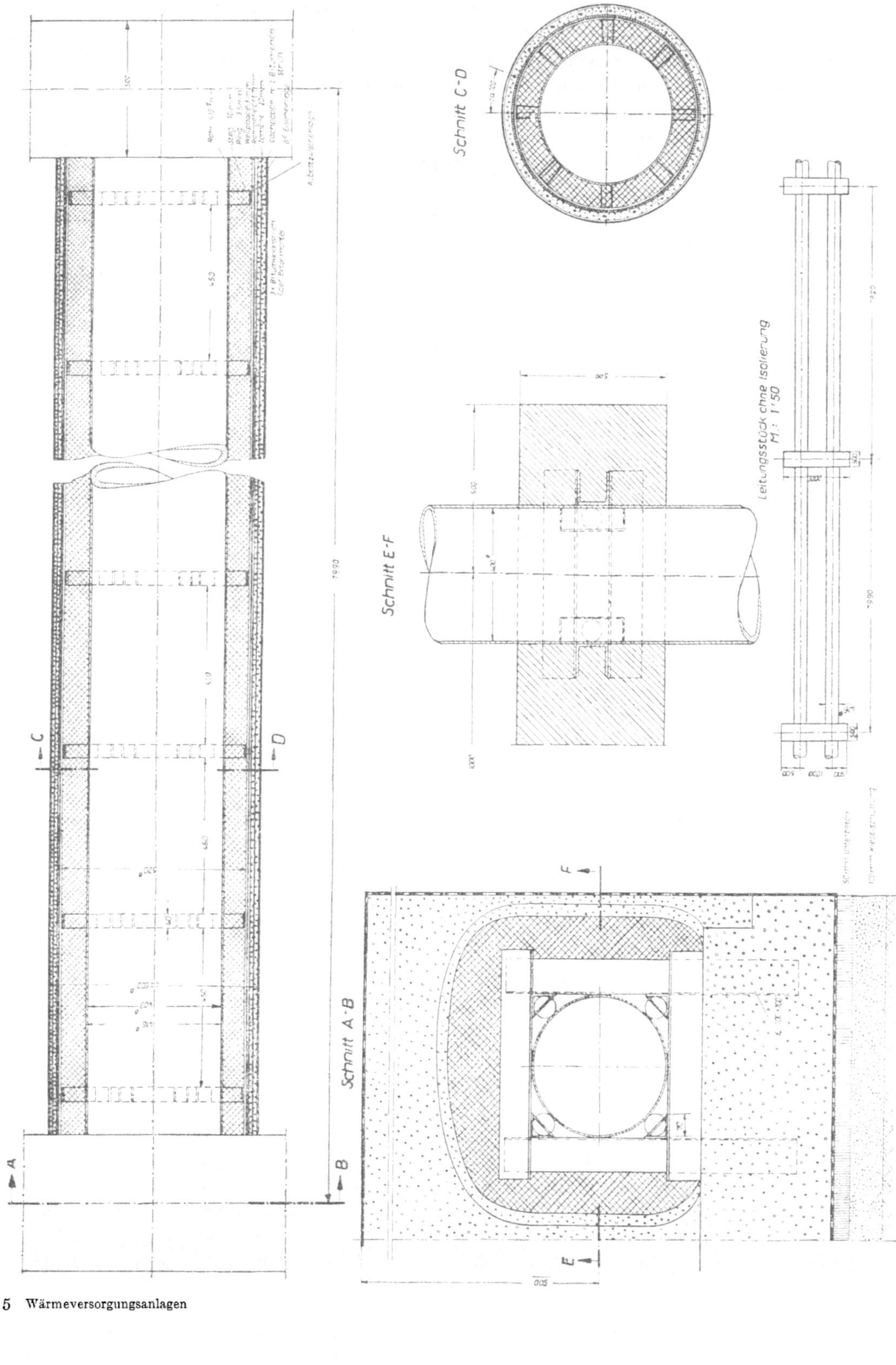

Abb. 56. Rohrverlegung nach Metag, Ausführung, 1958

schweißnähte oder bei Schäden im Feuchtigkeitsschutz der Rohre kann Feuchtigkeit von innen oder von außen in die Glaswollisolierung eintreten, die die Wärmedämmung ungünstig beeinflußt. Zur Feststellung des Feuchtigkeitszustandes wird der elektrische Widerstand der Glaswolle herangezogen, der sich wesentlich und in einem leicht meßbaren Verhältnis mit dem Feuchtigkeitsgehalt der Glaswolle ändert [12]. Es wird der elektrische Widerstand zwischen den blanken Stellen eines in die Glaswolle eingelegten isolierten Drahtes und dem Rohr festgestellt. Wegen der auf dem Rohr aufgesetzten Stützringe für die Isolierung und der ebenfalls aus Eisen bestehenden Kugellagergestellen mußte von der Verlegung eines blanken Drahtes Abstand genommen werden, weil die Gefahr einer leitenden Verbindung zwischen dem Kontrolldraht und dem mit den Rohren in leitender Verbindung stehenden Eisenteilen bestand. Der auf der Glaswollisolierung unter der Wellpappe liegende isolierte Draht wird auf eine Läge von etwa 10 cm blank gemacht und in die Glaswolle gedrückt. Zum Schutz dieser blanken Stelle nach außen wird über diesen Teil der Glaswolle ein Dachpappenstück gelegt. Diese blanke Stelle des Kontrolldrahtes reicht für die Feststellung eines Feuchtigkeitseintrittes in die Isolierung aus, weil sich die Feuchtigkeit auf die ganze Strecke zwischen jeweils zwei Lagern ausbreitet.

Der Kontrolldraht verläuft im gesamten Rohrnetz getrennt in der Vor- und Rücklaufleitung. In der Übergabestation, also an der Anschlußstelle der Fernleitungsrohre, wird ein anzeigendes und schreibendes Meßgerät eingebaut, das den elektrischen Widerstand zwischen dem Kontrolldraht und den Rohren dauernd mißt. Auf dem Registrierstreifen des schreibenden Gerätes läßt sich die jeweils auftretende Änderung des elektrischen Widerstandes feststellen und dadurch auf den Feuchtigkeitszustand schließen. Optische und akustische Signale sollen dem Bedienungspersonal eine wesentliche Störung, also eine Unterschreitung des zugelassenen Widerstandes anzeigen.

Es ist weiterhin erforderlich, bei einem Wassereinbruch in die Isolierung auch den Fehlerort zu ermitteln. Hierzu werden zwei isolierte Meßdrähte zwischen die Dachpappenlagen der Rohre eingelegt. Die Ortung der Feuchtigkeitseintrittsstelle beruht auf einer Widerstandsmessung nach der Brückenmethode. Widerstand und Entfernung des Lecks vom Meßort sind proportional. Es wurde die Fehlerortsbestimmung nach Murray gewählt. Ein geeignetes Meßgerät wurde vom Institut für Allgemeine Elektrotechnik der Technischen Hochschule Dresden entwickelt und gebaut.

Obwohl das Rohr und der Kontrolldraht aus gleichartigem Material bestehen, treten bei der Messung Polarisationserscheinungen auf, die bei der Wahl der Stromart und der Spannung für die Messung des Übergangswiderstandes zwischen Kontrolldraht und Rohr sowie für die Fehlerortbestimmung berücksichtigt werden müssen.

Um die Fehlerortsbestimmung zu erleichtern, sind in den Bauwerken (Abzweigkammern und Ausdehnungskammern) Meßstellen vorgesehen. Durch diese Meßstellen können einzelne Rohrstrecken abgeschaltet werden, wodurch sich die Fehlerstelle eingrenzen läßt. Diese Einrichtung dürfte vor allem von Vorteil sein, falls die von der Übergabestation durchgeführte Fehlerortbestimmung kein sicheres Ergebnis bringt.

5. Fertiggestellte Anlagen

Zu Beginn des Jahres 1958 wurde der Anschluß an den Beyer-Bau und an die Verkehrshochschule und Ende des Jahres 1958 die Strecke nach dem Zelleschen Weg in Betrieb genommen. Die Leitungen nach dem Beyer-Bau und der Verkehrshochschule, die vom Speisewasserbehälter des HKW gespeist wurden, sind abgetrennt und an die Heißwasserverteiler in der Übergabestation angeschlossen worden. Die in den beiden Instituten befindlichen Heizzentralen mit den Umformern konnten ohne Nacharbeiten mit Fernwärme betrieben werden.

Die Heizzentrale im Beyer-Bau (HZ 1) besitzt zwei Umformer für Heißwasser-Warmwasser mit einer Leistung von je 1 Gcal/h. Durch Betätigung der in den Rücklauf eingebauten Absperrorgane kann die mit Zwangumlauf betriebene Warmwasserheizung des Gebäudes auch auf Schwerkraftheizung umgestellt werden.

Die Verkehrshochschule hat zwei Heizzentralen. Die eine besitzt zwei Umformer für Heißwasser-Warmwasser von je 400000 kcal/h und die andere zwei Umformer von je 1 Gcal/h. Auch diese beiden Zentralen können auf Schwerkraftheizung umgestellt werden.

Die in Richtung Zellescher Weg führende Fernwärmeleitung, die von der Übergabestation abzweigt, versorgt von der Heizzentrale im Gebäude III den westlich gelegenen Teil der Institute für Mathematik. Die dort errichtete Zentrale besitzt zwei Umformer für Heißwasser-Warmwasser von je 250000 kcal/h (HZ 3). Dieser Gebäudeteil der Mathematik war provisorisch an das Kesselhaus der Experimentalphysik durch eine Verbindungsleitung angeschlossen. Mit dieser Verbindungsleitung kann bei schwächerer Belastung die Speisung von der neuerrichteten Heizzentrale in der Experimentalphysik erfolgen. Die Heizzentrale in der Experimentalphysik (HZ 2) besitzt drei Umformer für Heißwasser-Warmwasser von je 500000 kcal/h für die Versorgung eines Teiles der Physikgebäude. Die dort eingebaute Kesselanlage wird stillgelegt und später ausgebaut.

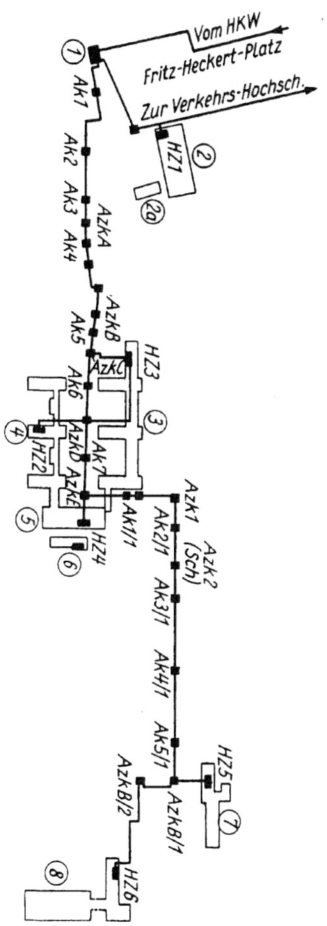

Abb. 57.
Oststrang im TH-Gelände, 1958

1 Übergabestation 2 Beyerbau 2a Baugrundforschung 3 Institute für Mathematik 4 Institute für Physik 5 Physikhörsaal 6 Altes Kesselhaus 7 Kerntechnik 8 Holztechnologie HZ Heizzentrale Ak Ausdehnungskammer Azk Abzweigkammer

Die Heizzentrale im Physik-Hörsaal (HZ 4), die an dem östlich des Hörsaales gelegenen Kesselhause angeschlossen war, erhielt drei Umformer Heißwasser-Warmwasser von je 800000 kcal/h, die die Versorgung der hier angeschlossenen Gebäudeteile von der Mathematik und Physik übernehmen. An den Heißwasserverteilern sollen später die im Bau befindlichen Gebäude der Deutschen Akademie der Wissenschaften, Arbeitsstelle für Tieftemperaturphysik, an der Haeckelstraße angeschlossen werden, die zur Zeit provisorisch vom Kesselhaus östlich des Physik-Hörsaales versorgt werden.

In der Heizzentrale Kerntechnik (HZ 5) sind zur Zeit zwei Umformer Heißwasser-Warmwasser von je 500000 kcal/h für die Warmwasserheizung mit Zwangumlauf eingebaut. An das Heißwasser sollen später die Lufterhitzer und die Warmwasserbereiter angeschlossen werden.

Angeschlossen ist auch das Institut für Holztechnologie und Faserbaustoffe des Ministeriums für Leichtindustrie (HZ 6). Die Abbildung 57 zeigt die ausgeführte Leitung von der Übergabestation bis zur Holztechnologie. Die Abbildung 58 zeigt eine Aufnahme in der HZ 4 (Physikhörsaal). Die übrigen Heizzentralen sind in ähnlicher Weise ausgeführt.

Die Leitungen nach dem Zelleschen Weg (Ost-Strecke) sind derart ausgelegt, daß auch die in diesem Geländegebiet geplanten Neubauten angeschlossen werden können. Von der Abzweigkammer A (AzKk) ist der Anschluß für die Erweiterung des Beyer-Baues und für die Erweiterung der Chemie-Gebäude, von der Abzweigkammer B (AzkB) die Kopfbauten für

Mathematik und Physik, von der Abzweigkammer 1 (Azk 1) die geplanten Gebäude nördlich des Zelleschen Weges und von der Abzweigkammer B 1 (AzkB 1) die weiter östlich geplanten Wohnheime vorgesehen. Diese Leitung soll auch eine Verbindung zur geplanten Fernleitung herstellen, die durch die Schnorrstraße führt. Von der Abzweigkammer B 2 (AzkB 2) sollen später die südlich des Zelleschen Weges geplanten Hochschulgebäude versorgt werden.

Abb. 58. Heizzentrale Physik-Hörsaal, 1958

Der Probebetrieb verlief ohne Beanstandung, so daß von der Energieversorgung Dresden die Anlage zur Nutzung freigegeben werden konnte. Bis zur Zeit ergaben sich keine Schwierigkeiten, im Gegenteil, die angeschlossenen Gebäude erfreuen sich jetzt einer ausreichenden Beheizung. Die Gebäude können in der kürzesten Frist hochgeheizt werden und erhalten eine konstante Temperatur für eine beliebig lange Dauer.

Über den wirtschaftlichen Erfolg kann ein abschließendes Urteil noch nicht angegeben werden, jedoch steht fest, daß bis jetzt zwei Kesselanlagen stillgelegt werden konnten. Der monatliche Bedarf von 500 t Rohbraunkohle bzw. 250 t Briketts braucht nicht mehr transportiert und verbrannt zu werden. Außerdem werden 6 zusätzliche Kräfte für die zwei Kesselhäuser für die Wintermonate nicht mehr benötigt. Die Anlagen am Zelleschen Weg können jetzt in zwei Schichten von zwei Arbeitskräften bedient werden.

Es soll noch erwähnt werden, daß die Kosten für die Fernwärme nach der Preisverordnung vom 15. 9. 1956 von der Energieversorgung Dresden berechnet werden, welche am 1. 1. 1957 in Kraft getreten ist. Diese Verordnung legt folgende Preise fest:

für die ersten 500 Gcal/Monat	DM 12,— je Gcal.
für die nächsten 500 … 3000 Gcal/Monat	DM 9,— je Gcal.
alle weiteren Gcal/Monat	DM 4,10 je Gcal.

Die Messung erfolgt in der Übergabestation durch einen schreibenden Mengenmesser und durch ein schreibendes Gerät, das die Temperaturdifferenz zwischen Vor- und Rücklauf festhält. Die nach dem Staffeltarif ermittelten Kosten für die Fernwärme richten sich somit nach der Abnahmemenge. Sie sind jedenfalls weit niedriger als die reinen Brennstoffkosten für die gleiche Wärmeerzeugung in den Kesselhäusern. Bei einer Einsparung von 500 t/Monat Rohbraunkohle und einem Preis von DM 20,—/t ergibt sich jetzt schon eine monatliche Einsparung von DM 4000,— bei der Stillegung dieser beiden Kesselhäuser.

6. Im Bau befindliche und projektierte Anlagen

Der weitere Ausbau der Fernwärmeversorgung für die übrigen bereits bestehenden, im Bau befindlichen und projektierten Gebäude der Technischen Hochschule ist für die kommenden Jahre bis 1965 in Aussicht genommen. Für das nach Westen und Süden von der Übergabestation sich erstreckende Hochschulgelände sind von der Übergabestation zwei Abzweige vorhanden, und zwar eine Leitung NW 400, an welche angeschlossen werden: die Chemie-Gebäude, das HKW, die Gebäude für Werkzeugmaschinenkonstruktion, der Berndt-Bau, der Görges-Bau, der Neubau für Elektrotechnik und die Gebäude an der Helmholtzstraße einschließlich der im Bau befindlichen Werkhalle für die Fördertechnik an der Nöthnitzer Straße. An dieser Leitung wird auch das Lehrgebäude am Münchner Platz, Schumann-Bau (früher Landgericht), und das Deutsche Amt für Material- und Warenprüfung angeschlossen. Die zweite Leitung mit NW 200 versorgt die Gebäude des Zeuner- und Mollier-Baues. Die Gebäude für Kraftfahrwesen werden an die Leitung, welche zum Beyer-Bau führt, angeschlossen. Nachdem die bestehenden Kanäle nicht mehr für die Aufnahme der neuzuverlegenden Fernleitungen geeignet sind und die bestehende Versorgung vom HKW als Reserve bestehen bleibt, werden fast ausschließlich neue Trassen gewählt. Hochdruckdampfleitungen für den Mollier- und Merkel-Bau werden in die zu diesen Instituten führenden neuen Kanäle gelegt.

Für die im alten Hochschulgelände befindlichen Niederdruckdampfheizungen sind für diese Gebäude Heißwasserdampf-Umformer vorgesehen. Nach Inbetriebnahme des neuzuerrichtenden Heizkraftwerkes an der Nossener Brücke soll die Heißwasservorlauftemperatur nach der Außentemperatur geregelt werden. Da die wirtschaftlichste Anpassung der Wärmelieferung an die jeweilige Außentemperatur zweifellos die Regelung der Vorlauftemperatur ist, wurde beim Projekt des Heizkraftwerkes an der Nossener Brücke diese Regelungsart vorgesehen. Unter den anzuschließenden Abnehmern befinden sich aber noch sehr viele Niederdruckdampfheizungen, so daß vorläufig nur insoweit von der Temperaturregelung Gebrauch gemacht werden kann, als die zulässige Mindesttemperatur, die etwa bei 120° C liegen könnte, nicht unterschritten wird.

7. Zusammenfassung

Die Größe und die Kapazität von Produktionsstätten wird vom Beschauer gewöhnlich nach dem Umfang der Bauten und nach den vorhandenen Schornsteinen beurteilt, ohne jedoch die nicht sichtbaren und vielfach in der Erde liegenden Versorgungsanlagen in Betracht zu ziehen. Das gleiche gilt auch für die Technische Hochschule Dresden. Es werden die bestehenden und die neuzuerrichtenden Gebäude, die Anzahl der Lehrstühle, ihre Einrichtungen und ihre Mitarbeiter und die Anzahl der Studierenden aufgezeigt, während die für den Betrieb erforderlichen Anlagen kaum erwähnt werden. Dies gilt auch für die Beheizung der Räume, ohne welche schließlich eine Nutzung nicht möglich ist. Daß nunmehr in der Technischen Hochschule nach vielen Zwischenstufen die heute gegebene Versorgungsart durch Belieferung mit Fernwärme Verwendung findet, gibt Veranlassung, eine zusammenfassende Darstellung über die Wärmeversorgung der Technischen Hochschule Dresden zu bringen. In diesem Zusammenhang ist auch die geschichtliche Entwicklung von Interesse.

Vorliegende Schrift beschränkt sich auf die Beschreibung der Anlagen und auf die damit zusammenhängende Tätigkeit, ohne hierbei auf die auftauchenden technischen Probleme näher einzugehen und diese kritisch zu beurteilen. Wenn auch hinreichende Betriebs- und wirtschaftliche Erfahrungen über den fertiggestellten Anlagenteil noch nicht vorliegen, so kann gesagt werden, daß die getroffenen Einrichtungen den an sie gestellten Anforderungen entsprechen.

LITERATUR

[1] Funk, G., Die bauliche Entwicklung der Technischen Hochschule und ihre Bedeutung für das Dresdner Stadtbild. „125 Jahre Technische Hochschule Dresden." Festschrift, Berlin 1953.

[2] Leucht, Bronder, Hunger, Planungsgrundlagen, Planungsergebnisse für den Neubau der Stadt Dresden, Dresden 1950.

[3] Die Neubauten der mechanischen Abteilung der Königlich Sächsischen Technischen Hochschule zu Dresden. ZVDI **49** (1905) H. 21, S. 839–879.

[4] Weidig, P., Das Fernheiz- und Elektrizitätswerk der Neubauten der Technischen Hochschule. Verbandsmitt. der Vereinigung: Dresdner Bezirksverein Deutsch. Ing. und Dresdner Elektrotechn. Verein **15** (1920) H. 4, S. 27–31.

[5] Schulze, A., Freilandbeheizung im Gartenbau. Privatdruck, Dresden 1935.

[6] Reschke, Die Dresdner Stadtheizung. Gesundheits-Ingenieur **58** (1935) H. 18, S. 261–267.

[7] Kaiser, F., Die Beheizung der Hochspannungshalle der Technischen Hochschule Dresden. Gas, Zeitschrift f. d. Gasverbraucher in Industrie, Gewerbe und Haushalt (1933) H. 5, S. 119–122.

[8] Boie, W., Die Aufgaben der Wissenschaft auf dem Gebiete der Dampferzeugung. Abhandlg. d. d. Akademie d. Wissenschaften z. Berlin, Jg. 1956, Nr. 6, Berlin 1957.

[9] Boie, W., Neuere Erkenntnisse bei der Gestaltung von Feuerräumen. Freiberger Forschungshefte, Heft A 68, Berlin 1957, S. 5–29.

[10] Wengner, M., Das Hochdruck-Heizkraftwerk Dresden. Archiv für Wärmewirtschaft und Dampfkesselwesen, **12** (1931) H. 5, S. 129–139.

[11] Kuntze, H., Dresdens Elektrizitätsversorgung von den Anfängen bis zur Gegenwart. Buch: Zur technnisch-industriellen Entwicklung Dresdens (1958), S. 138–158, Kammer d. Technik — Bezirk Dresden.

[12] Rayhrer, G., Die Fernheizung für Stuttgart Stadtmitte. Elektrizitätswirtschaft **54** (1955) H. 22, 775–779.

N. Elsner

Bedeutung und Anwendung der Exergie in der Wärmetechnik[1])

1. Einleitung

Die folgenden Ausführungen sollen mit den Eigenschaften der Exergie als einer neuen thermodynamischen Größe bekanntmachen und ihre Bedeutung insbesondere für die Wärmetechnik anhand einiger typischer Anwendungsbeispiele aufzeigen.

Neben dem ersten ist auch der zweite Hauptsatz der Thermodynamik ein reines Erfahrungsgesetz, das weder a priori beweisbar noch als bloße Definition aufzufassen ist. Seine Bedeutung für die Wärmetechnik liegt vor allem darin, daß er die Bedingungen aufzeigt, unter denen eine bereitgestellte Wärmemenge laufend in mechanische Arbeit verwandelt werden kann, wobei auch die wichtige Frage nach Art und Größe der hierbei auftretenden Umwandlungsverluste ihre Beantwortung erfährt. Derartige Verluste sind zwar unerwünscht, praktisch aber bei keinem wärmetechnischen Vorgang vermeidbar. Man kann jedoch ihr Auftreten vermindern, sofern man außer den Verlustherden an sich auch deren Ursachen kennt. Und hierbei gibt — wie gesagt — der zweite Hauptsatz der Thermodynamik dem Wärmeingenieur die notwendige Auskunft.

Dabei zeigt sich zunächst, daß der in der Wärmewirtschaft übliche Begriff der Abwärmeverluste keineswegs als ein brauchbares Maß für die mehr oder weniger große Vollkommenheit wärmetechnischer Prozesse dienen kann. Als Beispiel sei nur auf den idealen Carnot-Prozeß hingewiesen, der wie jeder Kreisprozeß einen beträchtlichen Verlust an Abwärme aufweist, andererseits aber die vollkommenste Umwandlung von Wärme in Arbeit ermöglicht. Demgegenüber ist der Drosselvorgang als praktisch wärmedicht verlaufender Prozeß ein unvollkommener, weil mit Energieverlusten verbundener Vorgang. Würde man nämlich das Druckgefälle durch eine reversible Expansion des Arbeitsmittels überbrücken, so könnte man die Expansionsarbeit als Nutzarbeit gewinnen, die in Wirklichkeit restlos verlorengeht.

Aus den beiden Beispielen geht hervor, daß in der Tat die Größe der Abwärme keine Rückschlüsse auf die mehr oder weniger große Vollkommenheit wärmetechnischer Prozesse zuläßt, d. h. die Abwärme ist in dem hier verstandenen Sinne überhaupt keine Verlustquelle. Als Verluste können wir vielmehr in diesem Zusammenhang nur solche Energiemengen bezeichnen, die bei sinnreicher Führung des Prozesses aber bei gleicher Wirkung hätten eingespart werden können, oder die man bei gleichem Aufwand hätte mehr gewinnen können. Die Thermodynamik lehrt, daß Verluste dieser Art nur bei nichtumkehrbaren Vorgängen auftreten, zu denen neben der Reibung vor allem der Drosselungs- und Mischungsvorgang sowie der Wärmeübergang bei endlichem Temperaturgefälle zählen.

2. Die thermodynamischen Grundlagen der Exergie

In den einleitenden Ausführungen wird darauf hingewiesen, daß es notwendig ist, thermodynamische Prozesse sowohl vom ersten wie auch vom zweiten Hauptsatz aus zu betrachten,

[1]) Vorgetragen in der Sitzung der Sektion für Maschinenbau am 10. 6. 1959.

wenn man sich ein physikalisch umfassendes Bild vom Prozeßablauf verschaffen will. Mit anderen Worten:

> *Nicht Wärmebilanzen allein, sondern Wärmebilanzen in Verbindung mit Entropiebilanzen führen zur Aufdeckung der eigentlichen Verlustherde.*

Zur zahlenmäßigen Beurteilung der bei einer Zustandsänderung auftretenden Verluste bzw. Nichtumkehrbarkeiten hat CLAUSIUS den Entropiebegriff in die Thermodynamik eingeführt. Er konnte dabei zeigen, daß die Entropie eines adiabaten Systems niemals abnehmen, sondern höchstens konstant bleiben kann. Ihre Zunahme ist um so stärker, je mehr die sich innerhalb des Systems abspielenden Vorgänge vom Grenzfall der reversiblen Zustandsänderung abweichen, d. h. je größer die Verluste sind; oder — was dasselbe bedeutet — je größer der Grad der Nichtumkehrbarkeit ist.

So fruchtbar sich einerseits die Einführung des Entropiebegriffs für die Entwicklung der Thermodynamik als selbständiges Teilgebiet im Rahmen des physikalischen Lehrgebäudes erwiesen hat, haftet ihm andererseits leider der Schönheitsfehler an, daß er wenig anschaulich ist. Für den Physiker ist zwar die Veranschaulichung mit der Entdeckung des Zusammenhanges zwischen Entropie und thermodynamischer Wahrscheinlichkeit durch BOLTZMANN in befriedigender Weise gelungen; für den Wärmetechniker hat jedoch diese rein physikalische Auslegung nur geringe praktische Bedeutung. Der Ingenieur muß vielmehr nach einer solchen Veranschaulichung des Entropiebegriffes suchen, die sich der *seiner* Vorstellungswelt geläufigen Begriffe und termini technici bedient.

Daß eine solche Veranschaulichung in der Tat möglich ist, hat als einer der ersten bereits GUSTAV ZEUNER gezeigt. Er knüpfte zu diesem Zweck an den Gedankengang von CLAUSIUS an und verglich den Wärmeübergang von einem wärmeren an einen kälteren Körper mit dem Herabfallen einer Wassermenge in einem Wasserrad. An die Stelle des herabfallenden Wassergewichtes setzte er das „Wärmegewicht" $\frac{Q}{T} = \frac{Q_0}{T_0}$ und an die Stelle der Fallhöhe die Temperaturdifferenz $T - T_0$ zwischen Heiz- und Kühlkörper.

Bei diesem Vergleich deutet also ZEUNER nicht die Entropie selbst, sondern die reduzierte Wärmemenge durch ein mechanisches Analogon. Der gewählte Vergleich ist sehr anschaulich und stellt die vorliegenden Zusammenhänge klar heraus; es ist aber trotzdem Zeuner damit nicht gelungen, die schon seinerzeit vorhandene Antipathie des Ingenieurs gegen den Entropiebegriff zu beheben.

An weiteren Versuchen, die Entropie als thermodynamische Zustandsgröße vom Standpunkt des Ingenieurs zu erläutern, hat es daher auch in der Folgezeit nicht gefehlt. Zu diesen Versuchen gehören vor allem auch jene Arbeiten, die sich speziell mit dem Problem der in den wärmetechnischen Prozessen auftretenden Energieverluste auseinandersetzen, und die die hier vorliegenden Zusammenhänge in solcher Weise zu formulieren versuchen, daß sie anstelle der Entropie eine bequemer zu veranschaulichende thermodynamische Ersatzgröße einführen. Diese Ersatzgröße ist die Exergie. Zwei bedeutende Arbeiten zu diesem Gegenstand liegen im älteren wärmetechnischen Schrifttum von GOUY und STODOLA vor. Sie sind um die Jahrhundertwende erschienen, ohne daß ihnen jedoch in der Fachwelt eine größere Beachtung geschenkt wurde, die sie zweifellos verdient hätten. Erst in den dreißiger Jahren wurden jene Gedankengänge erneut von BOŠNJAKOVIĆ, KEENAN und DARRIEUS aufgegriffen und vertieft. Auch diese Arbeiten fanden erst größeren Widerhall in der Fachwelt in der Zeit nach dem 2. Weltkrieg. Aus der Vielzahl der Autoren, die sich mit dem Exergiebegriff in der jüngsten Zeit beschäftigt haben, seien an dieser Stelle nur die Namen GLASER, GRASSMANN und NESSELMANN erwähnt. Die Bezeichnung „Exergie" geht auf einen Vorschlag von R. PLANK zurück. Im Schrifttum tritt sie zum ersten Male in einer Arbeit von RANT auf.

Was versteht man nun unter der Exergie, und wie wird sie definiert? Um diese Frage zu beantworten, gehen wir von folgendem physikalischen Tatbestand aus:

Jeder Körper besitzt gegenüber der Umgebung ein bestimmtes Arbeitsvermögen, solange sich sein Zustand von dem der Umgebung unterscheidet. Wird dieser dem Zustand der Umgebung angeglichen, so wird dieses Arbeitsvermögen abgebaut und als äußere Arbeit verfügbar. Ihr Wert wird in bekannter Weise zu einem Maximum, wenn der Ausgangszustand reversibel dem Umgebungszustand angeglichen wird. Das gilt nicht nur für einmalig ablaufende Zustandsänderungen einer bestimmten Stoffmenge, sondern ebenso auch für Prozesse mit kontinuierlicher Stoffströmung. Die aus einem solchen Stoffstrom gewinnbare maximale Arbeit ist dann diejenige Größe, die dem Exergiebegriff zu seiner Veranschaulichung zugrunde liegt.

Um den Betrag dieser Arbeit zu berechnen, denken wir uns die zu untersuchende Zustandsänderung des Stoffstromes im Innern einer gedachten Bilanzhülle als Kontrollfläche ausgeführt. Nach dem ersten Hauptsatz muß dann im vorausgesetzten Beharrungszustand der Energieinhalt dieser Hüllfläche konstant bleiben, d. h. es muß die Beziehung gelten:

$$i_1 + \int_1^2 dq = i_2 + l_{t.12}. \tag{1}$$

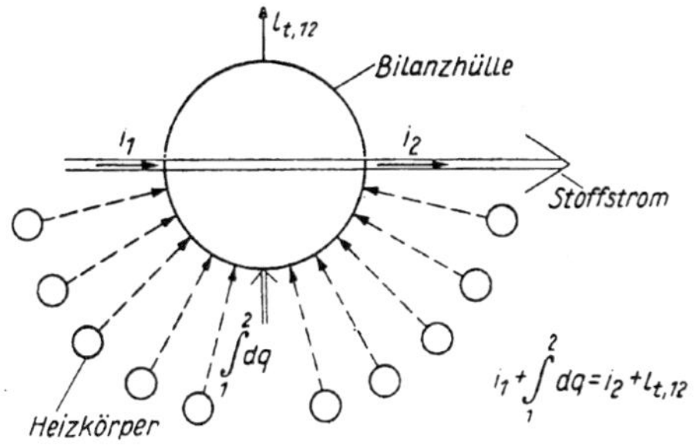

Abb. 1. Enthalpiebilanz

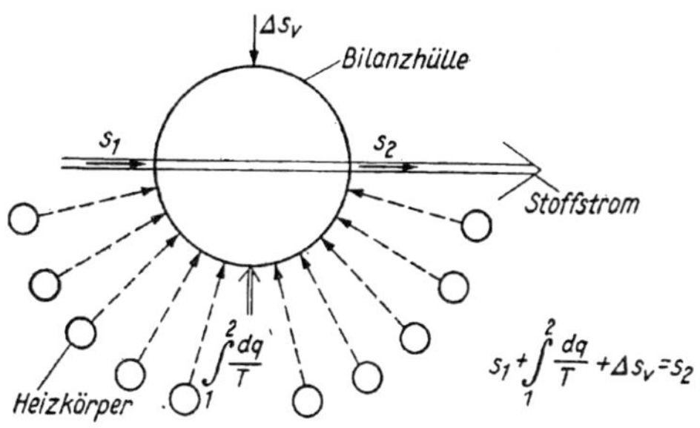

Abb. 2. Entropiebilanz

Dabei ist nach Abbildung 1

i_1	die mit dem Arbeitsstoff in das Bilanzgebiet eintretende Enthalpie,
i_2	die aus dem Bilanzgebiet austretende Enthalpie,
$\int_1^2 dq$	die in das Bilanzgebiet durch Leitung, Strahlung usw. hineintransportierte und dem Stoffstrom mitgeteilte Wärme und
$l_{t.12}$	die der Bilanzhülle entnommene technische Arbeit als Folge der von dem Stoffstrom ausgeführten Zustandsänderung,

Die Änderungen der kinetischen und potentiellen Energie sind in der vorstehenden Bilanzgleichung als normalerweise vernachlässigbar unterdrückt.

Für die zugehörige Entropiebilanz folgt die Beziehung

$$s_1 + \int_1^2 \frac{dq}{T} + \Delta s_v = s_2. \tag{2}$$

Darin bedeutet nach Abbildung 2

s_1	die mit dem Stoffstrom in die Bilanzhülle eintretende Entropie,

s_2 die aus der Bilanzhülle austretende Entropie,

$\int_1^2 \frac{dq}{T}$ die von den Wärmereservoiren mit der Temperatur T herrührende und dem Bilanzgebiet ebenfalls zugeführte Entropie und

Δs_v die Entropiezunahme infolge der auftretenden Nichtumkehrbarkeiten im Innern der Bilanzhülle, die für die Aufstellung der Bilanzgleichung als von außen dem Bilanzgebiet zugeführt gedacht wird.

Indem wir nun die Entropiebilanz (2) mit der negativen Umgebungstemperatur ($-T_0$) multiplizieren und die so erhaltene Gleichung zur Enthalpiebilanz (1) addieren, erhalten wir die fundamentale Beziehung

$$\int_1^2 \frac{T - T_0}{T} \, dq = (i_2 - i_1) - T_0 (s_2 - s_1) + l_{t,12} + T_0 \cdot \Delta s_v . \tag{3}$$

Gemäß ihrer Herleitung gilt diese Gleichung für eine beliebige irreversible Zustandsänderung. Setzen wir speziell $\Delta s_v = 0$ und nehmen außerdem an, daß keine äußeren Wärmebehälter vorhanden sind, oder wenn ja, nur solche von Umgebungstemperatur T_0, so nimmt die Gleichung (3) die vereinfachte Form an

$$0 = (i_2 - i_1) - T_0 (s_2 - s_1) + l^*_{t,12\,\mathrm{rev}} .$$

Die vom Stoffstrom unter diesen Voraussetzungen abgeführte technische Nutzarbeit ergibt sich daraus zu

$$l^*_{t,12\,\mathrm{rev}} = (i_1 - i_2) - T_0 (s_1 - s_2),$$

oder wenn wir den Zustand 2 mit dem Umgebungszustand identifizieren und ihn durch den Index 0 kennzeichnen,

$$l^*_{t,10\,\mathrm{rev}} = (i_1 - i_0) - T_0 (s_1 - s_0) .$$

Bošnjaković setzt nun $l^*_{t,10\mathrm{rev}} = l_f$ und nennt l_f die (technische) Arbeitsfähigkeit des im Zustand 1 der Bilanzhülle zuströmenden Arbeitsmittels [1]. Rant nennt die so definierte Größe „Exergie", abgekürzt *ex*, was ebensoviel heißt, wie *aus* einem System (bestenfalls) zu gewinnende *Arbeit* [2]. Führen wir diese neue Bezeichnung ein, so erhalten wir schließlich als Definitionsgleichung für die Exergie

$$ex = (i - i_0) - T_0 (s - s_0) . \tag{4}$$

Entsprechend ihrer Ableitung stellt die Exergie denjenigen Betrag an Arbeit dar, der aus einem laufend zuströmenden Stoffstrom gewonnen werden kann, wenn dieser beim Druck P und der Temperatur T angeliefert, auf reversiblem Wege mit dem Zustand der Umgebung ins Gleichgewicht kommt und Wärme nur bei Umgebungstemperatur übertragen wird.

Die Definitionsgleichung (4) läßt die Exergie als eine kalorische Zustandsgröße erkennen, wenn man von der Veränderlichkeit des Umgebungszustandes absieht. Mit Benutzung von Gleichung (4) kann man die Fundamentalgleichung (3) in der kürzeren Form schreiben

$$\int_1^2 \frac{T - T_0}{T} \, dq = (ex_2 - ex_1) + l_{t,12} + T_0 \cdot \Delta s_v . \tag{3a}$$

Die Gleichung (3a) ist ähnlich wie die Enthalpiebilanz nach Gleichung (1) aufgebaut. Doch im Unterschied zur Gleichung (1) stützt sich die Gleichung (3a) auf die Erfahrungsgrundlagen der *beiden* Hauptsätze, geht also inhaltlich über die Aussagen der Enthalpiebilanz hinaus. Sie stellt im Gegensatz zu dieser eine Exergiebilanz dar, die die Wärmemengen nicht nur quantitativ, sondern auch qualitativ miteinander vergleicht.

Die *nichtumkehrbar* gewonnene Arbeit

$$l_{t,12} = (ex_1 - ex_2) + \int_1^2 \frac{T - T_0}{T}\, dq - T_0 \cdot \Delta s_v.$$

ist also kleiner als die unter gleichen Bedingungen *umkehrbar* gewonnene Arbeit

$$l_{t,12\,\mathrm{rev}} = ex_1 - ex_2 + \int_1^2 \frac{T - T_0}{T}\, dq.$$

Der Arbeitsverlust beträgt

$$\Delta l_v = l_{t,12\,\mathrm{rev}} - l_{t,12} = T_0 \cdot \Delta s_v. \tag{5}$$

Gleichung (5) stellt den wichtigen Zusammenhang zwischen der Entropiezunahme bei einer nichtumkehrbaren Zustandsänderung und dem damit verbundenen Arbeitsverlust dar. Sie wurde erstmalig von Gouy in seiner Arbeit „Sur l'énergie utilisable" im Jahre 1889 abgeleitet [3]. Auf technische Probleme wandte sie als erster Stodola an [4].

Verläuft die Zustandsänderung adiabat oder wird Wärme nur bei Umgebungstemperatur bereitgestellt (monotherme Zustandsänderung), so wird

$$\int_1^2 \frac{T - T_0}{T}\, dq = 0$$

und die obigen Gleichungen für die technische Nutzarbeit nehmen die vereinfachte Form an

$$l^*_{t,12} = (ex_1 - ex_2) - T_0 \cdot \Delta s_v, \tag{6a}$$

bzw.

$$l^*_{t,12\,\mathrm{rev}} = ex_1 - ex_2 = -\Delta ex. \tag{6b}$$

Danach ist bei einer adiabaten Zustandsänderung die gewonnene technische Nutzarbeit gleich der Abnahme der Exergie des Stoffstromes, wenn die Zustandsänderung reversibel verläuft. Bei irreversiblem Zustandsverlauf bleibt dagegen ein gewisser Betrag an Exergie ungenutzt und geht unwiederbringlich im Sinne des zweiten Hauptsatzes verloren.

Auch bei reinen Wärmeprozessen ist ein solcher Verlust vorhanden. Betrachten wir sogleich den wichtigen Grenzfall des adiabaten reinen Wärmeprozesses, so folgt aus der Gleichung (3a) mit

$$l_{t,12} = 0 \quad \text{und} \quad \int_1^2 \frac{T - T_0}{T}\, dq = 0$$

$$T_0 \cdot \Delta s_v = \Delta l_v = ex_1 - ex_2. \tag{7}$$

Dieser Verlust an Exergie kann nach Gleichung (6b) gedeutet werden als die Arbeit $l^*_{t,12\,\mathrm{rev}}$ eines adiabaten oder monothermen reversiblen Ersatzprozesses. Mit Bezug auf einen beliebigen reversiblen Ersatzprozeß kann man für die vorstehend erhaltene Exergieabnahme den Ausdruck

$$-\Delta\, ex = \left[l_{t,12\,\mathrm{rev}} - \int\limits_1^2 \frac{T - T_0}{T}\, dq\right]_{\mathrm{Ersatzprozeß}}$$

substituieren.

3. Zur Definition echter Wirkungsgrade thermodynamischer Prozesse

Als Wirkungsgrad wird in üblicher Weise das Verhältnis von Nutzen zu Aufwand in Form einer dimensionslosen Zahl definiert, durch die die Qualität eines bestimmten Vorgangs gekennzeichnet werden soll. Sein Betrag schwankt zwischen den Grenzen 0 und 1, wobei der Wert $\eta = 0$ für einen Vorgang zutrifft, bei dem trotz Aufwand keinerlei Nutzen erzielt wird, während der Wert $\eta = 1$ den Grenzfall vollkommener Ausnutzung des Aufwandes darstellt.

Diese grundlegende Wirkungsgraddefinition bereitet so lange keine Schwierigkeiten, wie man sie auf nicht thermodynamische Vorgänge anwendet, d. h. auf Vorgänge, bei denen Wärmeerscheinungen keine Rolle spielen. Trotzdem spricht man nun auch in der Thermodynamik von Wirkungsgraden. Doch das sind dann nicht immer exakte Wirkungsgrade im oben definierten Sinne, sondern oft nur Bewertungs- oder Kennzahlen. Der thermische Wirkungsgrad eines Kreisprozesses ist ein geläufiges Beispiel hierfür. Darunter versteht man bekanntlich das Verhältnis $\eta_{th} = l/q$, wobei l die gewonnene Nutzarbeit und q den hierzu erforderlichen Wärmeaufwand darstellen. Da nun erfahrungsgemäß keine Wärmekraftanlage betrieben werden kann, ohne daß dabei eine bestimmte Wärmemenge als Abwärme anfällt, die nicht mehr in Arbeit umwandelbar ist, so kann η_{th} auch im Grenzfall vollkommenster, d. h. reversibler Prozeßführung, niemals den oberen Grenzwert 1 erreichen, sondern ist stets < 1. Insofern stellt aber das Verhältnis l/q eben keinen echten Wirkungsgrad dar. Das liegt letzten Endes daran, daß man die Wärmeenergie in diesem Zusammenhang nur in bezug auf ihre Quantität zur Wirkungsgradbildung heranzieht, ohne die ihr zugleich noch innewohnende Qualität entsprechend zu berücksichtigen. Das aber läuft darauf hinaus, anstatt mit den Wärmemengen selbst mit ihren Arbeitsfähigkeiten zu operieren.

Geht man von der allgemeinen Definitionsgleichung

$$\eta = \frac{W_n}{W_a} = 1 - \frac{W_v}{W_a} \tag{8}$$

für den Wirkungsgrad aus, wobei

W_n die gewonnene Nutzarbeit,
W_a den hierzu erforderlichen Aufwand und
$W_v = W_a - W_n$ den ungewollten Verlust

darstellen, und wendet die Gleichung (8) auf einen der Gleichung (3a) gehorchenden thermodynamischen Vorgang an, so erhält man mit

$$W_n = l_{t,12}$$

$$W_a = (ex_1 - ex_2) + \int\limits_1^2 \frac{T - T_0}{T}\, dq$$

$$W_v = T_0 \cdot \Delta s_v$$

gemäß den Bezeichnungen in Abbildung 3

$$\eta_{ex} = \frac{l_{t,12}}{ex_1 - ex_2 + \int\limits_1^2 \frac{T - T_0}{T} dq} = 1 - \frac{T_0 \cdot \Delta s_v}{ex_1 - ex_2 + \int\limits_1^2 \frac{T - T_0}{T} dq}. \tag{9}$$

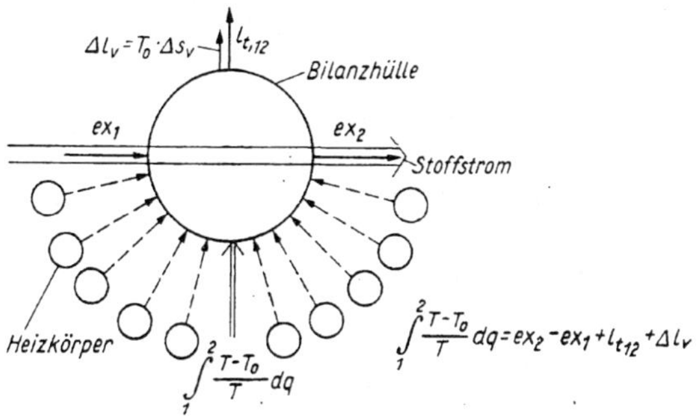

Abb. 3. Exergiebilanz zur Bildung exergetischer Wirkungs- und Gütegrade

Entsprechend dem beigefügten Index wollen wir den so definierten Wirkungsgrad als exergetischen Wirkungsgrad bezeichnen, um Verwechslungen mit anderen Wirkungsgraddefinitionen in der Thermodynamik wie z. B. dem thermischen oder dem thermodynamischen Wirkungsgrad zu vermeiden. Für den Grenzfall vollkommener Umkehrbarkeit wird $T_0 \cdot \Delta s_v = 0$ und damit $\eta_{ex} = 1$, während dem Grenzfall $W_v = W_a = T_0 \cdot \Delta s_v$, d. h. $l_{t,12} = 0$ der untere Grenzwert $\eta_{ex} = 0$ zugeordnet ist.

Für den wärmetechnisch bedeutsamen Sonderfall der adiabaten Zustandsänderung gilt vereinfacht:

$$\eta_{ex}^{(ad)} = \frac{l_{t,12}}{ex_1 - ex_2} = 1 - \frac{T_0 \cdot \Delta s_v}{ex_1 - ex_2}. \tag{9a}$$

Bei reinen Wärmevorgängen mit $l_{t,12} = 0$ verlieren die vorstehenden Gleichungen ihren Sinn, d. h. sie sind auf solche Vorgänge nicht anwendbar. Es ist nun sehr wesentlich festzustellen, daß auch für diese Gruppe wärmetechnisch wichtiger Prozesse mit Benutzung des Exergiebegriffs ein Verhältniswert definiert werden kann, der durchaus die Eigenschaften eines echten Wirkungsgrades aufweist. Der allgemeine Ansatz lautet für diesen Verhältniswert

$$\nu_{ex} = \frac{ex_2 + l_{t,12}}{ex_1 + \int\limits_1^2 \frac{T - T_0}{T} dq} = 1 - \frac{T_0 \cdot \Delta s_v}{ex_1 + \int\limits_1^2 \frac{T - T_0}{T} dq}. \tag{10}$$

Er bietet in der Tat die gleichen Möglichkeiten zur Kennzeichnung der Nichtumkehrbarkeiten wie der exergetische Wirkungsgrad nach den Gleichungen (9) und (9a). Nesselmann hat für dieses Verhältnis die Bezeichnung „Summenwirkungsgrad" angegeben [5]. Um auch in diesem Falle Verwechslungen mit gleichlautenden, aber anders definierten wärmetechnischen Kennziffern auszuschließen, wird hierfür die Bezeichnung „exergetischer Gütegrad" vorgeschlagen. Insbesondere ergibt sich für den Sonderfall des adiabaten Wärmeprozesses

$$\nu_{ex}^{(ad)} = \frac{ex_2}{ex_1} = 1 - \frac{T_0 \cdot \Delta s_v}{ex_1}. \tag{10a}$$

Bošnjaković bezeichnet die Ergänzung dieses Verhältniswertes zu 1 als Verlustgrad oder Nichtumkehrbarkeitsgrad [6].

4. Darstellung der Exergie im Mollier (i, s)-Diagramm mit Anwendung auf den reibungsbehafteten adiabaten Expansionsvorgang

Die technische Thermodynamik bedient sich mit Vorteil zur Lösung wärmetechnischer Probleme einer Reihe von Zustandsdiagrammen als praktischer Arbeitsmittel. Zu den am häufigsten benutzten Darstellungen zählen neben dem bekannten und bereits von Watt verwendeten P, v-Diagramm das 1874 von Belpaire eingeführte T, s-Diagramm und das 1906 von Mollier vorgeschlagene i, s-Diagramm. Während das P, v-Diagramm durch die in ihm dargestellten Flächen mechanische Arbeiten bei Zustandsänderungen veranschaulicht, haben die im T, s-Diagramm abgebildeten Flächen die Bedeutung von Wärmemengen. Demgegenüber kommt den Flächen im i, s-Diagramm keine physikalische Bedeutung zu; sowohl Arbeiten als auch Wärmemengen werden in ihm geometrisch als Strecken dargestellt. Das hat zur Folge, daß qualitative Zusammenhänge im T, s-Diagramm im allgemeinen anschaulicher interpretiert werden können als im Mollierschen (i, s)-Diagramm. Dafür aber fällt bei diesem das oft umständliche und zeitraubende Planimetrieren fort, wenn es darum geht, nicht nur qualitative, sondern auch quantitative Aussagen mit Hilfe des benutzten Zustandsschaubildes zu erhalten. Das gilt auch für die Darstellung der Exergie, die sich im T, s-Diagramm als Fläche und im i, s-Diagramm als Strecke abbildet.

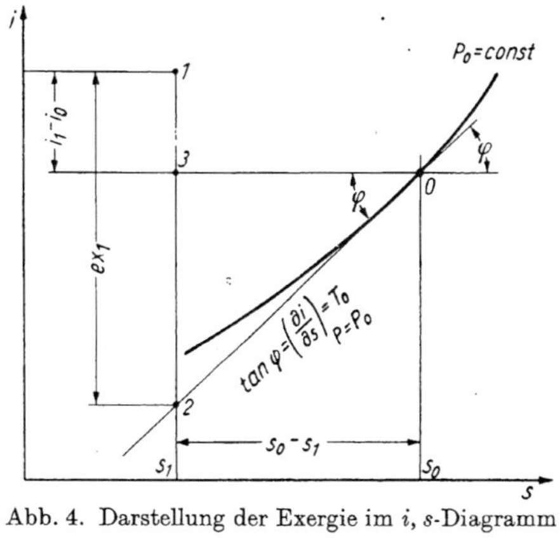

Abb. 4. Darstellung der Exergie im i, s-Diagramm

Wir wollen hier nur kurz auf die Darstellung im i, s-Diagramm eingehen, auf die im deutschen Schrifttum erstmalig Bošnjaković hingewiesen hat. Nach Abbildung 4 sei der Zustand des Stoffstroms durch i_1, s_1, der Zustand der Umgebung durch i_0, s_0 gegeben. Zeichnet man an die Isobare P_0 = const im Punkt 0 die Tangente $\overline{02}$, die sogenannte „Umgebungsgerade" nach Bošnjaković und bringt sie zum Schnitt mit der Linie s_1 = const, so ist die Strecke $\overline{12}$ ein Maß für die Exergie des Stoffstroms im Zustand 1. Mit den Bezeichnungen der Abbildung gilt:

$$\overline{12} = \overline{13} + \overline{03} \cdot \tan \varphi$$

oder mit

$$\overline{13} \triangleq i_1 - i_0 \qquad \overline{03} \triangleq s_0 - s_1$$

und

$$\tan \varphi = \left(\frac{\partial i}{\partial s}\right)_{P = P_0} = T_0$$

als einer bekannten Eigenschaft der Isobaren im i, s-Diagramm:

$$\overline{12} \triangleq (i_1 - i_0) + (s_0 - s_1)\, T_0 \equiv ex_1 .$$

In Übereinstimmung mit der Definitionsgleichung (4) für die Exergie kann man also in sehr einfacher Weise zu jedem Zustandspunkt (i, s) des i, s-Diagramms die zugehörige Exergie ermitteln. Der nächste Schritt wäre dann die Einzeichnung von Linien konstanter Exergie in die Diagrammfläche, ein Vorschlag, der erstmalig von DARRIEUS ausgeführt wurde [7]. Da der Zusammenhang zwischen i, s und ex ein linearer ist, ergeben sich die Linien $ex = \text{const}$ als Parallelenschar, die unter dem Winkel $\varphi = \text{arc tan } T_0$ ansteigt (Abbildung 5), wobei die Linie $ex = ex_0$ mit der Umgebungsgeraden zusammenfällt.

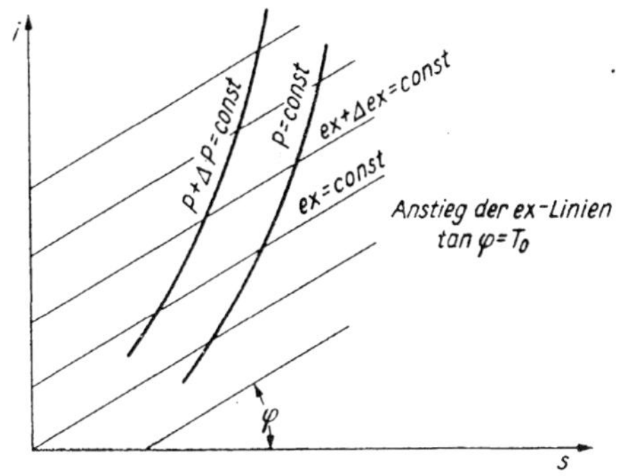

Abb. 5. i, s-Diagramm mit Linien $ex = \text{const}$

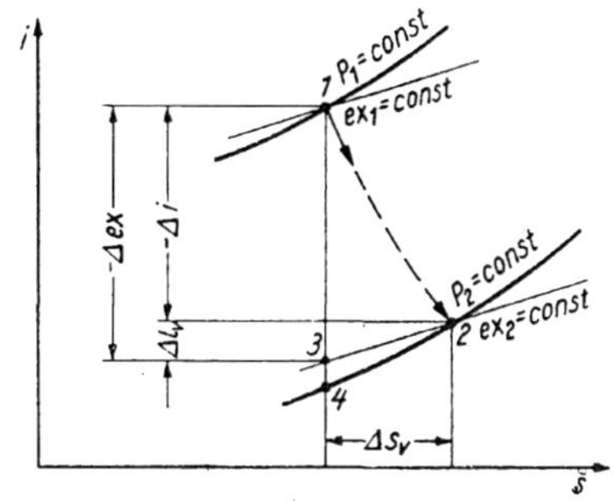

Abb. 6. Verlustbehaftete adiabate Expansion im i, s-Diagramm

Als ein für die Wärmetechnik wichtiges Anwendungsbeispiel wollen wir im folgenden die adiabate reibungsbehaftete Expansion behandeln, für die die Beziehung gilt:

$$ex_1 - ex_2 = l_{t,12} + T_0 \cdot \Delta s_v .$$

Die Darstellung dieser Gleichung im i, s-Diagramm wird in Abbildung 6 wiedergegeben. Für den exergetischen Wirkungsgrad gilt nach Gleichung (9a)

$$\eta_{ex} = \frac{l_{t,12}}{ex_1 - ex_2} = \frac{i_1 - i_2}{ex_1 - ex_2} .$$

Die hier auftretenden Differenzen im Zähler und Nenner des Bruches sind im i, s-Diagramm als Strecken leicht abzugreifen, sofern das Diagramm auch Linien $ex = \text{const}$ als zusätzliche Parameterschar enthält. Man kann nun sogleich noch einen Schritt weiter gehen und eine ähnliche graphische Lösung für die Wirkungsgradbestimmung im i, s-Diagramm suchen, wie sie z. B. GLASER für das i, s, ex-Diagramm vorschlug [8]. Hierzu bedienen wir uns der Darstellung nach Abbildung 7.

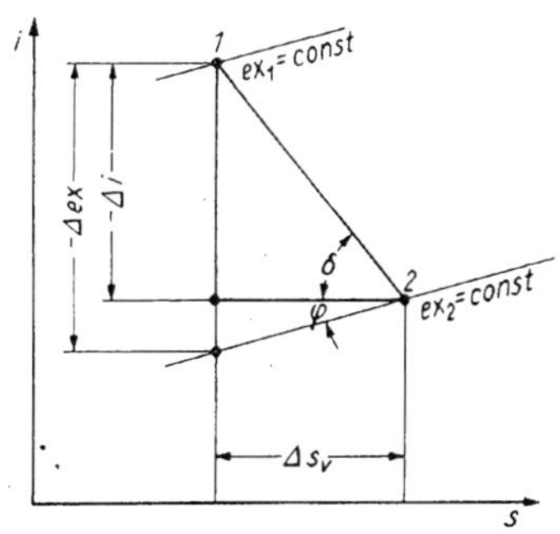

Abb. 7. Wirkungsgradbestimmung im i, s-Diagramm

Mit den dort eingetragenen Bezeichnungen ist

$$\tan \delta = \frac{-\Delta i}{\Delta s_v} \qquad \text{und} \qquad \tan \varphi = \frac{-\Delta ex - (-\Delta i)}{\Delta s_v} \equiv T_0 .$$

Substituiert man aus beiden Gleichungen die Entropiezunahme Δs_v, so erhält man nach einfacher Umformung

$$\tan \delta = T_0 \cdot \frac{1}{\dfrac{\Delta ex}{\Delta i} - 1}$$

oder mit

$$\eta_{ex} = \frac{\Delta i}{\Delta ex}$$

$$\tan \delta = T_0 \cdot \frac{1}{\frac{1}{\eta_{ex}} - 1},$$

d. h. zu jedem η_{ex} gehört ein eindeutig zugeordneter Winkel δ. Zur Kontrolle stehen die Grenzfälle $\eta_{ex} = 0$ und $\eta_{ex} = 1$ zur Verfügung. Für $\eta_{ex} = 0$, d. h. $\Delta i = 0$ wird $\tan \delta = 0$. Dieser Grenzfall entspricht dem Drosselvorgang, bei dem überhaupt keine Nutzarbeit aus dem strömenden Medium gewonnen wird, so daß in diesem Fall

$$ex_1 - ex_2 = T_0 \cdot \Delta s_r$$

ist. Dem anderen Grenzfall $\eta_{ex} = 1$ liegt die adiabate reversible Expansion zugrunde. Bei dieser wird die gesamte Exergieabnahme des strömenden Mediums in Nutzarbeit umgewandelt, und es ist

$$ex_1 - ex_2 = i_1 - i_2$$

und damit $\tan \delta = \infty$ oder $\delta = 90°$.

Man kann nun auch für alle Zwischenwerte $0 < \eta_{ex} < 1$ die zugehörigen Winkel δ bestimmen und diese Zwischenwerte sodann als Randmaßstab auf Neigungsgraden eintragen. Auf diese Weise läßt sich zu jeder Richtung δ das zugehörige η_{ex} ohne Rechnung bestimmen, indem man die Verbindungslinie $\overline{12}$ der gegebenen Zustandspunkte *1* und *2* parallel in den Randmaßstab verschiebt und das zu dieser Richtung gehörige η_{ex} abliest. Umgekehrt kann man den Endzustand *2* bestimmen, wenn man den Anfangszustand, den Gegendruck und den exergetischen Wirkungsgrad vorgibt.

Von gewissem Nachteil ist, daß die Darstellung nicht nur vom Anfangs- und Endzustand der Zustandsänderung, sondern auch noch von der Annahme über die Umgebungstemperatur abhängt. Ändert sich T_0, so ändert sich die Steigung der Umgebungsgeraden und damit auch die Richtung der Linien $ex = \text{const}$ im i, s-Diagramm. Das ist ein Schönheitsfehler, der dem Exergiebegriff von Haus aus anhaftet. Man kann ihm dadurch begegnen, daß man das i, s-Diagramm in ein $i, T_0 \cdot s$-Diagramm abwandelt, d. h. einen neuen Entropiemaßstab verwendet, der je nach der gewählten Umgebungstemperatur verschieden stark verzerrt ist. Durch diese zeichnerische Manipulation ändert man nichts am Charakter des ursprünglichen Diagramms. Dieser Vorschlag wurde erstmalig von SEIPPEL gemacht [9]. Physikalisch bedeutet das Produkt $T_0 \cdot \Delta s$ den nicht frei verfügbaren Teil der Energie, d. h. jenen Teil, der bei einer Zustandsänderung ausschließlich wieder als Wärme anfällt gemäß dem Ansatz $\Delta i = \Delta ex + T_0 \cdot \Delta s$.

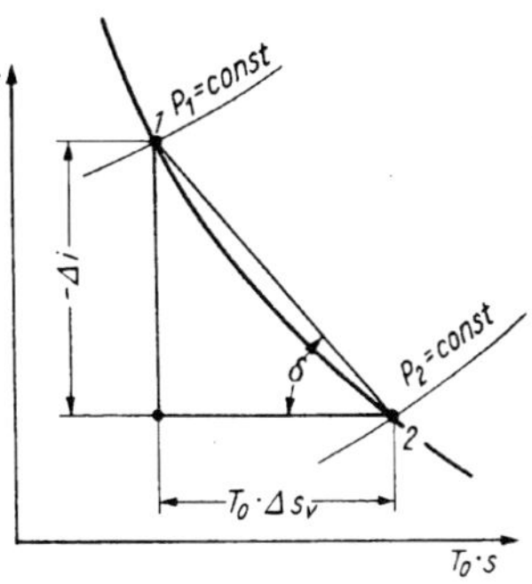

Abb. 8. Verlustbehaftete adiabate Expansion im $i, T_0 \cdot s$-Diagramm

So gesehen, stellt das $i, T_0 \cdot s$-Diagramm die Brücke zu derjenigen Gruppe von Zustandsdiagrammen dar, in denen als eine der beiden Koordinaten die Exergie unmittelbar auftritt, während sie im $i, T_0 \cdot s$-Diagramm nur in versteckter Form vorhanden ist.

Die Abbildung 8 zeigt den Expansionsvorgang im $i, T_0 \cdot s$-Diagramm. Auch in diesem abgeänderten i, s-Diagramm hängt die Neigung des Richtstrahles eindeutig vom exergetischen

Wirkungsgrad ab, und zwar gilt in diesem Falle

$$\tan \delta = \frac{1}{\frac{1}{\eta_{ex}} - 1}$$

5. Exergetischer Wirkungsgrad einer Dampfkraftanlage mit regenerativer Speisewasservorwärmung

In Abbildung 9 wird der prinzipielle Aufbau einer Dampfkraftanlage mit regenerativer Speisewasservorwärmung gezeigt. Zur Vorwärmung des Speisewassers wird der Turbine Dampf bei verschiedenen Drücken entnommen. Dadurch wird zwar die geleistete mechanische Arbeit pro kg erzeugten Frischdampfes kleiner, es braucht aber andererseits infolge der höheren Speisewassereintrittstemperatur in den Kessel dem Dampfkraftprozeß von außen weniger Energie in Form von Brennstoff zugeführt werden. Da ein unmittelbarer Wärmeaustausch zwischen dem expandierenden Dampf und dem Speisewasser konstruktiv nicht zu verwirklichen ist, wird die Vorwärmung stufenweise in Wärmetauschern vorgenommen. Es wird weiterhin zur Vereinfachung vorausgesetzt, daß das Speisewasser am Austritt aus den einzelnen Wärmetauschern jeweils die Sattdampftemperatur des Anzapfdampfes erreicht hat.[1])

Die Abhängigkeit des thermischen Wirkungsgrades der Dampfkraftanlage von der Speisewasserenthalpie i_n' nach dem n-ten (letzten) Vorwärmer zeigt Abbildung 10. Die Vorwärmerzahl n tritt dabei als Parameter der Kurvenschar auf. Der gemeinsame Schnittpunkt der Kurven ist durch die Koordinaten $\eta_{th\,Cl\text{-}R}$ und i_c' gegeben. Für eine unendlichstufige Vorwärmung steigt der thermische Wirkungsgrad mit der Erhöhung der Vorwärmendtemperatur

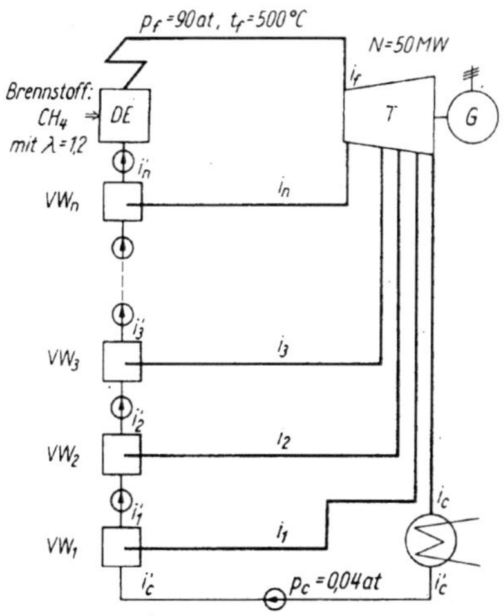

Abb. 9. Regenerativanlage — Schaltbild

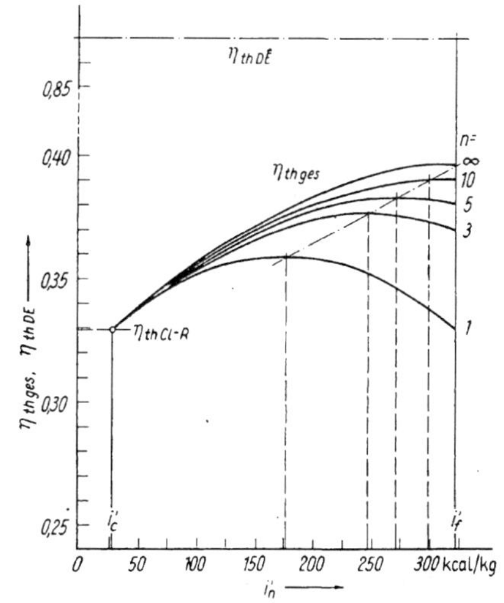

Abb. 10. Regenerativanlage — Kalorische Wirkungsgrade

monoton an. Bei endlichen Vorwärmerzahlen gibt es Vorwärmtemperaturen, für die der Wirkungsgrad ein Maximum wird. Dieses Maximum ist durch den Gewinn an zuzuführender

[1]) Die wärmetechnische Durchrechnung des Schaltschemas hat Herr Dipl.-Ing. MUNSER, wissenschaftlicher Assistent am Institut für Energiewirtschaft der Technischen Hochschule Dresden, durchgeführt. Als Brennstoff wurde Methan-Gas (CH_4) für die Beheizung des Dampferzeugers angenommen. Als Luftverhältnis wurde $\lambda = 1{,}2$ gewählt, als Umgebungstemperatur $t_0 = 25°\,C$.

Wärme infolge der höheren Mitteltemperatur des Kreisprozesses bei steigender Vorwärmendtemperatur einerseits und durch den Verlust an Maschinendampf durch die Anzapfung andererseits bedingt.
Nach der Definition für den thermischen Wirkungsgrad

$$\eta_{th} = \frac{l}{H_u \cdot \frac{B}{D}} = \frac{\text{Kreisprozeßarbeit}}{\text{zugef. Brennstoffwärme}}$$

heißt dies nichts anderes, als daß von einer bestimmten Vorwärmtemperatur an der spezifische Brennstoffbedarf $\frac{B}{D}$ weniger stark als die Kreisprozeßarbeit l abnimmt. Das Optimum verschiebt sich bei größeren Vorwärmerzahlen immer mehr zu Werten höherer Vorwärmendtemperaturen, wobei es im Grenzfall der unendlichstufigen Vorwärmung ganz verschwindet. Das bedeutet, daß bei unendlichstufiger Vorwärmung bis zur Siedetemperatur der höchste thermische Wirkungsgrad des Regenerativprozesses erreicht werden kann, der bei einem reinen Sattdampfprozeß dem Carnot-Wirkungsgrad entspricht. Aus der Abbildung ist auch deutlich zu erkennen, daß die regenerative Speisewasservorwärmung bei geringen Vorwärmerzahlen pro Stufe zunächst einen größeren Wirkungsgradgewinn bringt, während dieser Nutzen bei mehr als 5 Stufen recht klein wird.

Wesentlich deutlicher kommt das Wesen der Regenerativvorwärmung durch eine Betrachtung vom Standpunkt beider Hauptsätze unter Zugrundelegung des Exergiebegriffes zum Ausdruck. In Abbildung 11 wird die Abhängigkeit exergetischer Wirkungsgrade des Regenerativprozesses von der Vorwärmtemperatur gezeigt. Die Kurvenschar für den Gesamtwirkungsgrad nimmt denselben Verlauf wie die entsprechenden Kurven nach der rein kalorischen Betrachtungsweise. Nach der Definitionsgleichung für den exergetischen Gesamtwirkungsgrad

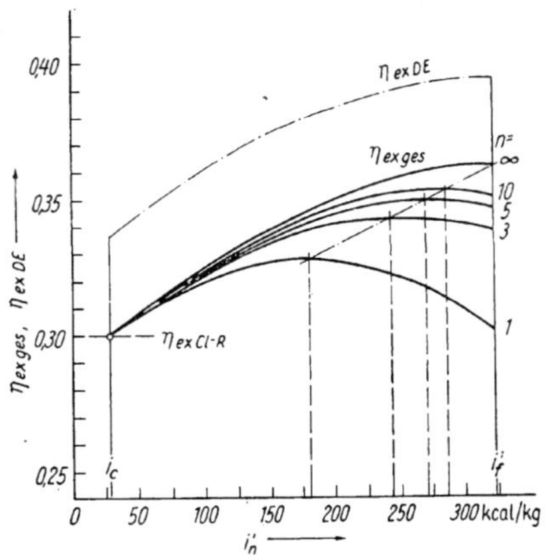

Abb. 11. Regenerativanlage — Exergetische Wirkungsgrade

$$\eta_{ex\ ges.} = \frac{l}{(ex_{\text{Brstff.} + \text{Luft}} - ex_{\text{Abgas}}) \cdot \frac{B}{D}} = \frac{\text{Kreisprozeßarbeit}}{\text{verbrauchte Brennstoffexergie}}$$

ist sowohl dieser ähnliche Verlauf als auch dieselbe Größenordnung verständlich, denn der Wert $ex_{\text{Brstff.} + \text{Luft}}$ unterscheidet sich nur wenig vom unteren Heizwert H_u, und ex_{Abgas} ist nicht sehr groß. Die monoton ansteigende strichpunktierte Linie stellt den Verlauf des Dampferzeugerwirkungsgrades dar. Er ist definiert als das Verhältnis der Exergiezunahme des Speisewassers im Dampferzeuger zur verbrauchten Brennstoffexergie:

$$\eta_{ex\ DE} = \frac{ex_f - ex'_n}{(ex_{\text{Brstff.} + \text{Luft}} - ex_{\text{Abgas}}) \frac{B}{D}}.$$

Der Anstieg von $\eta_{ex\ DE}$ mit wachsender Speisewasserendtemperatur liegt in der sich verkleinernden Temperaturdifferenz zwischen den Rauchgasen und dem Speisewasser begründet.

In Abbildung 12 werden die Teilwirkungsgrade und der Gesamtwirkungsgrad einander gegenübergestellt.

Der linke Teil zeigt die Behandlung nach der rein kalorischen Methode. Es zeigt sich, daß der niedrige Gesamtwirkungsgrad von 0,30 bis 0,40 allein von dem relativ schlechten Turbinen-

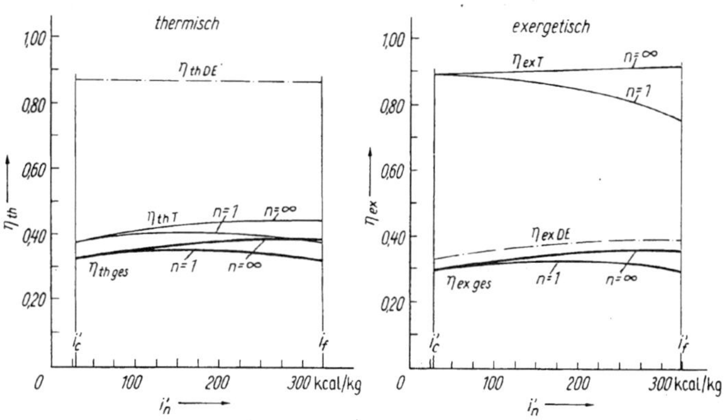

Abb. 12. Regenerativanlage — Kalorische und exergetische Wirkungsgrade gegenübergestellt

wirkungsgrad herrührt. Der Wirkungsgrad des Dampferzeugers ist unabhängig von der Speisewasservorwärmtemperatur und mit 0,87 wesentlich besser als der Turbinenwirkungsgrad. Als Gegenüberstellung wird im rechten Teil des Bildes nochmals der schon gezeigte Verlauf der exergetischen Wirkungsgrade $\eta_{ex\,\text{ges}}$ und $\eta_{ex\,DE}$ gebracht. Hinzu kommt noch der auf die Turbine bezogene exergetische Teilwirkungsgrad.

$$\eta_{ex\,T} = \frac{l}{ex_f - ex'_n} = \frac{\text{Kreisprozeßarbeit}}{\text{Exergiezunahme des Speisewassers im DE}}.$$

Beim Vergleich beider Seiten ist interessant, daß wohl der Gesamtwirkungsgrad, wie schon ausgeführt, etwa derselbe ist, die Teilwirkungsgrade aber ein entgegengesetztes Verhalten zeigen. Nach der kalorischen Betrachtungsweise ist die Turbine als der schlechte Teil zu bezeichnen, nach der exergetischen kommt der geringe Gesamtwirkungsgrad auf das Konto des Dampferzeugers. Die großen Temperaturdifferenzen zwischen Rauchgas und Speisewasser (bzw. Dampf) im Kessel sind hier die wahren Ursachen für den schlechten exergetischen Gesamtwirkungsgrad.

6. Exergieflußbilder

Zur übersichtlichen Darstellung der Wärmeverteilung innerhalb einer wärmetechnischen Anlage bedient man sich vielfach der SANKEY-Diagramme. Sie fanden bisher hauptsächlich in Form einfacher Wärmeflußbilder Verwendung, deren rechnerische Grundlage Bilanzgleichungen nach dem 1. Hauptsatz sind, in denen die Wärmemengen lediglich in bezug auf ihre Quantität, jedoch nicht auf ihre Qualität miteinander verglichen werden. Zur richtigen Einschätzung eines wärmetechnischen Prozesses gehört aber gerade die Aufdeckung jener Verlustherde, die in nichtumkehrbaren Vorgängen ihre Ursachen haben. Stellen wir uns zu diesem Zweck das Schaltbild einer einfachen Gegendruckanlage vor, deren Abdampf für Heizzwecke verwendet wird. Während im Wärmeflußbild einer solchen Anlage lediglich die Wärmeverluste des Kessels als einzige Verluste zur Darstellung gelangen, kommt im Exergieflußbild auch die potentielle Abwertung der Wärme infolge des beträchtlichen Temperaturunterschiedes zwischen Rauchgasen und Wasser in den Heizflächen des Dampferzeugers zum Ausdruck. Ebenso treten im Wärmeflußbild die inneren Reibungsverluste der Turbine überhaupt nicht in Erscheinung, obwohl sie stets mit einer Verminderung der Arbeitsfähigkeit verbunden sind. Auch die nur noch geringe Qualität des Heizdampfes wird erst durch die Darstellung im Exergieflußbild richtig zum Ausdruck gebracht. Derartige Flußbilder von Wärmekraftanlagen sind im Schrifttum bereits mehrfach erläutert worden [10, 11, 12].

Eine wichtige Frage in diesem Zusammenhang ist die nach der Bewertung der Heizwärme bei der Heizkraftkopplung. Die Kostenbelastung des Heizdampfes kann nach verschiedenen Gesichtspunkten rein willkürlich oder physikalisch begründet erfolgen. Hier sollen uns nur die letzteren Verfahren der Kostenbelastung interessieren, die am Beispiel einer einfachen Entnahmemaschine erläutert werden. Als Bewertungsformen sind heute die kalorische und die thermodynamische Methode für die Kostenbelastung des Heizdampfes gebräuchlich [13]. Die kalorische Methode setzt dem Wärmeverbraucher Kosten in Rechnung, die dem Produkt Menge × Enthalpie des Entnahmedampfes proportional sind. Durch dieses Verfahren werden die Kosten des Heizdampfes, vor allem niedrigerer Temperaturen, ungerechtfertigterweise zu groß veranschlagt. Deshalb trat in letzter Zeit die thermodynamische Bewertungsmethode mehr in den Vordergrund, die dem Wärmeverbraucher die Kosten der geringen äquivalenten Frischdampfmenge berechnet, die notwendig wäre, den Leistungsverlust durch Entnahme des Heizdampfes im Kondensationsbetrieb zu decken. Die Kosten des Heizdampfes werden dadurch wesentlich geringer. Im Gegensatz zum kalorischen Verfahren wird bei der thermodynamischen Bewertungsmethode der Kraftverbraucher zu ungünstig eingestuft. Tatsächlich rechnet man aus diesem Grunde daher weder nach dem einen noch nach dem anderen Verfahren, sondern nimmt ziemlich willkürlich eine Mittelwertbildung der nach beiden Verfahren berechneten Kosten vor. Wie Abbildung 13 zeigt, läuft dieses Vorgehen im Ergebnis auf die exergetisch begründete Kostenaufteilung hinaus.

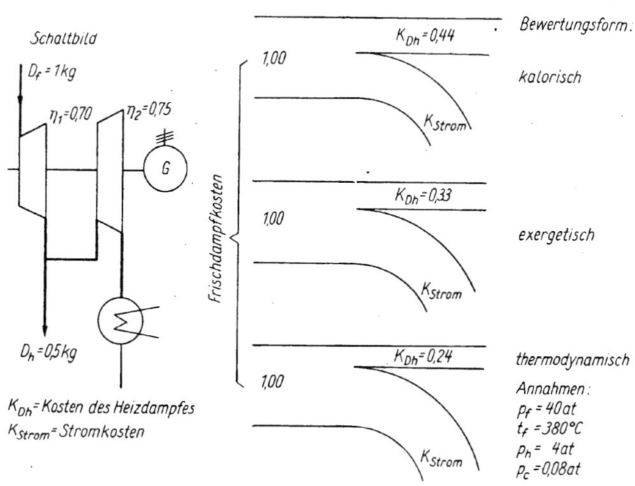

Abb. 13. Kostenbelastung des Heizdampfes

Das ist eine Abrechnung, die die Qualität des tatsächlich entnommenen Dampfes berücksichtigt entsprechend der Darstellung im Exergieflußbild. Der Heizdampf wird danach nur mit den Kosten belastet, die seiner Exergie entsprechen. Gegenüber der thermodynamischen Methode hat die exergetische Methode den Vorteil, daß die tatsächlich entnommene und keine hypothetische Dampfmenge bewertet wird; gegenüber der Mittelwertmethode hat sie den Vorteil, daß sie physikalisch begründet ist.

Betrachten wir zum Schluß noch den Wärme- und Exergiefluß durch Feuerung und Heizflächen eines Dampferzeugers allein ohne das nachgeschaltete Kraftwerk. Für die zahlenmäßige Durchrechnung dieses Beispieles wurde Rohbraunkohle mit $H_u = 3460$ kcal/kg und der folgenden Zusammensetzung gewählt:
$c = 0{,}392$; $h = 0{,}031$; $o = 0{,}113$; $n = 0{,}009$; $s = 0{,}003$; $w = 0{,}270$; $a = 0{,}182$. Als Luftverhältnis wurde $\lambda = 1{,}35$ zugrunde gelegt. Die Dampfleistung des Kessels beträgt 80 t/h; der Dampfdruck 40 at; die Dampftemperatur 450° C; die Eintrittstemperatur des Speisewassers in den Vorwärmer 103° C. Als Umgebungstemperatur wurde wie vorher $t_0 = 25°$ C angenommen.[1]) Abbildung 14a zeigt zunächst den einfachen Wärmefluß in den Kesselheizflächen. Daraus entnehmen wir, daß von der Energie des zugeführten Brennstoffes 5 vH als soge-

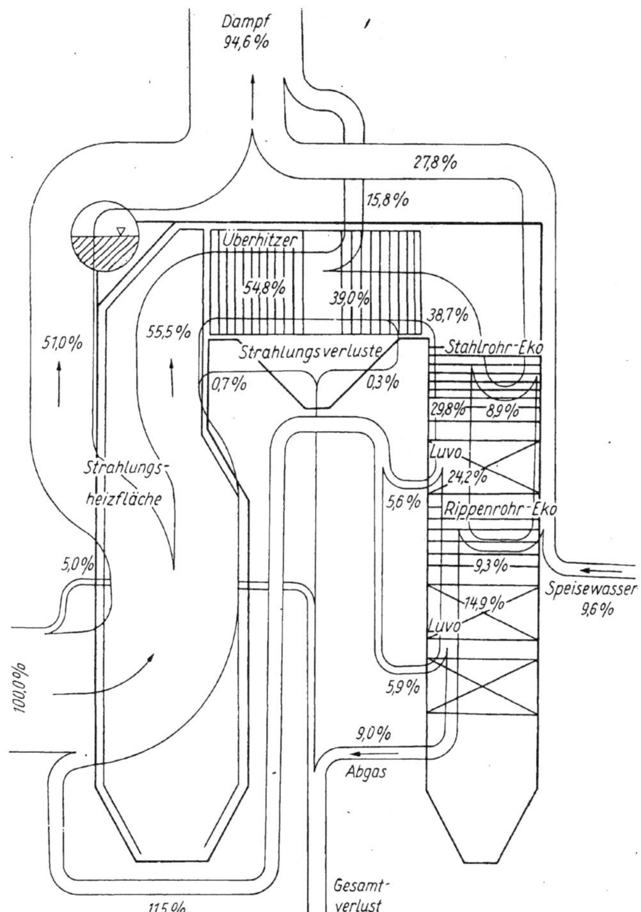

Abb. 14. SANKEY-Diagramm eines Dampferzeugers
a) Wärmeflußbild

nannter Feuerungsverlust (d. h. Unverbranntes in Asche, Schlacke und Flugstaub), 1 vH als Strahlungsverlust und 9 vH als Abgasverlust verloren gehen. Nach dieser Wärmemengenbilanz hat der Dampferzeuger den recht guten Wirkungsgrad von 85 vH, worauf auch schon bei der Behandlung der regenerativen Speisewasservorwärmung hingewiesen wurde.

[1]) Die zahlenmäßige Durchrechnung stammt ebenfalls wieder von Dipl.-Ing. MUNSER.

Abbildung 14b zeigt den Exergiefluß derselben Anlage. Ausgehend von dem zugeführten Brennstoff, treten auch hier die 5 vH Feuerungsverluste auf. Dann folgt der erhebliche Verbrennungsverlust von 32,4 vH, der durch die Nichtumkehrbarkeit des Verbrennungsvorganges bedingt ist. Dieser Verlust tritt im Wärmeflußbild überhaupt nicht in Erscheinung. Im Exergieflußbild ist außerdem noch der durch die endlichen Temperaturdifferenzen in den Heiz-

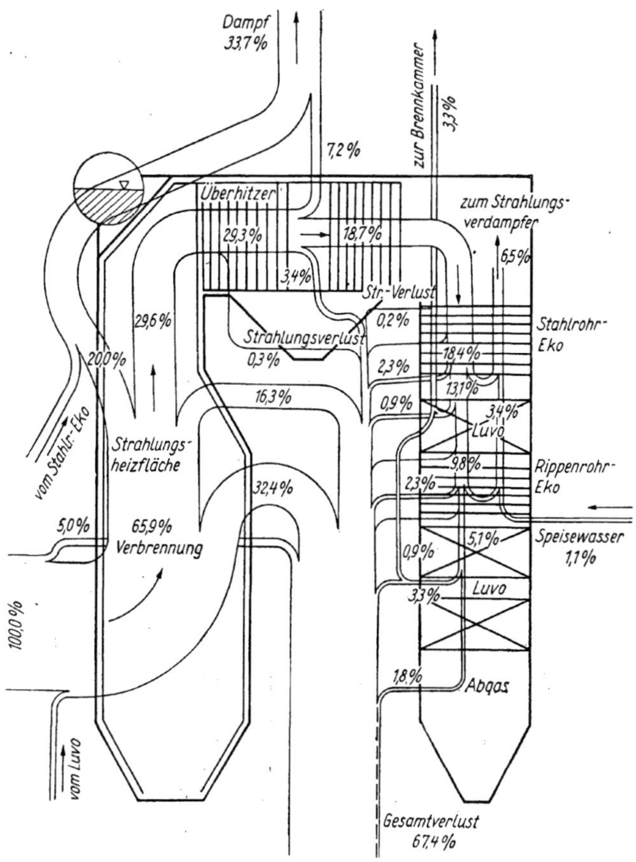

b) Exergieflußbild

flächen auftretende Verlust infolge der Abwertung der Wärme deutlich zu erkennen. Entsprechend der relativ niedrigen Rauchgastemperatur von 180° C beträgt auch der Abgasverlust nur 1,8 vH, was die geringe Qualität dieser Wärme widerspiegelt. Die gesamten Verluste des Dampferzeugers betragen nach dieser Darstellung 67,4 vH; das entspricht einem exergetischen Wirkungsgrad von 32,6 vH.

Dieser sehr niedrige Wert zeigt, daß der Dampferzeuger thermodynamisch gar nicht so vollkommen ist, wie das nach seiner Wärmemengenbilanz erscheint; denn es treten neben den Wärmemengenverlusten noch Qualitätsverluste beträchtlicher Größe auf, die im Wärmeflußbild überhaupt nicht zur Darstellung kommen, um deren Verringerung sich jedoch der Kesselbauer ständig bemühen muß.

ZUSAMMENFASSUNG

Wärmetechnische Anlagen lassen sich in bezug auf ihre Güte nur unter Benutzung beider Hauptsätze einwandfrei beurteilen. Dem von CLAUSIUS zur mathematischen Formulierung des

2. Hauptsatzes eingeführten Entropiebegriff haftet der Schönheitsfehler an, daß er für den Ingenieur wenig anschaulich ist. Dem Physiker ist zwar die Veranschaulichung über den Begriff der thermodynamischen Wahrscheinlichkeit gelungen. Dem Wärmetechniker ist damit jedoch nur wenig gedient; denn für ihn ist nur eine solche Veranschaulichung des Entropiebegriffes von Bedeutung, die sich der seiner Vorstellungswelt geläufigen Begriffe und termini technici bedient. Ein solcher terminus technicus, der der vorgenannten Aufgabe gerecht wird, ist die „technische Arbeitsfähigkeit" oder „Exergie". Sie ist wie die Entropie eine kalorische Zustandsgröße, sofern man von der Veränderlichkeit der Umgebungstemperatur T_0 absieht.

In der vorliegenden Arbeit werden der Exergiebegriff aus den klassischen mathematischen Formulierungen der beiden Hauptsätze abgeleitet und seine thermodynamischen Eigenschaften erläutert. Dabei wird vor allem auf seine Bedeutung hingewiesen, die ihm bei der Untersuchung irreversibler Vorgänge und bei der Einführung echter thermodynamischer Wirkungs- und Gütegrade zukommt. Als Beispiel hierzu werden die reibungsbehaftete adiabate Expansion und der Dampfkraftprozeß mit regenerativer Speisewasservorwärmung behandelt. Abschließend wird die grundsätzliche Bedeutung der Exergieflußdiagramme gegenüber den üblichen Wärmeflußbildern am Beispiel eines Dampferzeugers aufgezeigt.

LITERATUR

[1] Bošnjaković, F., Technische Thermodynamik I. Teil, Verlag Steinkopff, Dresden und Leipzig 1948, S. 135ff.

[2] Rant, Z., Exergie, ein neues Wort für technische Arbeitsfähigkeit, Forschg. auf dem Gebiet des Ingenieurwesens Bd. 22, H. 1, S. 36/37.

[3] Gouy, M., Sur l'énergie utilisable, J. Physique (1889) S. 501ff.

[4] Stodola, A., a) Die Kreisprozesse der Gasmaschine, ZVDI **42** (1898) S. 1088ff.; b) Dampfturbinen, 5. Aufl., Verlag Springer, Berlin 1922, S. 1054ff.

[5] Nesselmann, K., Über den thermodynamischen Begriff der Arbeitsfähigkeit, Allgem. Wärmetechnik **3** (1952) S. 97ff.

[6] Bošnjaković, F., Technische Thermodynamik I. Teil, Verlag Steinkopf, Dresden und Leipzig 1948, S. 173.

[7] Darrieus, M. G., a) L'évolution des centrales thermiques et la notion d'énergie utilisable. Science et Industrie, Mars 1931, S. 122ff.
b) Définition du rendement thermodynamique des turbines à vapeur. Revue Generale de l'Electricité, Juin 1930, S. 963ff.

[8] Glaser, H., Das *i,s,l*-Diagramm als Hilfsmittel für thermodynamische und verfahrenstechnische Untersuchungen. Allgem. Wärmetechnik **4** (1953) S. 97ff.

[9] Seippel, A., Betrachtungen über die Dampfkraftanlage, BBC-Mitteilungen **37** (1950) S. 342ff.

[10] Grassmann, P., a) Die technische Arbeitsfähigkeit als praktische Rechengröße, Allgem. Wärmetechnik **2** (1951) S. 161ff.
b) Über den Wirkungsgrad von Kälteprozessen, Kältetechnik **4** (1952) S. 52ff.

[11] Rant, Z., Bewertung und praktische Verrechnung von Energien, Allgem. Wärmetechnik **8** (1957) S. 25ff.

[12] Elsner, N., und W. Fratzscher, a) Die Bedeutung der Exergieflußbilder für die Untersuchung wärmetechnischer Anlagen, aufgezeigt am Beispiel eines Abhitzekessels, eines Wärmekraftwerks und einer Dampflokomotive, Wiss. Zeitschrift der Hochschule für Verkehrswesen Dresden, **5** (1957) H. 3, S. 437ff.
b) Aufstellung einer Exergiebilanz für eine Gasturbinenanlage, Wiss. Zeitschrift der Hochschule für Verkehrswesen Dresden, **6** (1958/59) H. 1, S. 71ff.

[13] Pauer, W., Einführung in die Kraft- und Wärmewirtschaft. Verlag Steinkopff, Leipzig und Dresden 1959, S. 219ff.

In der gleichen Schriftenreihe erschienen im Jahrgang 1959:

Heft 1 ROLF REISSIG: Über die totale Stabilität erzwungener Reibungsschwingungen
1959. 28 Seiten — 10 Abbildungen — 4° — DM 5,—

Heft 2 KURT R. BIERMANN: Johann Peter Gustav Lejeune Dirichlet. Dokumente für sein Leben und Wirken. (Zum 100. Geburtstag)
1959. 87 Seiten — 1 Titelbild — 4 Tafeln — 4° — DM 10,50

Heft 3 MAX WOLF: Heizkraftwerke auf Luft- und Gasturbinengrundlage
1959. 64 Seiten — 47 Tabellen — 11 Zahlentafeln — 4° — DM 8,60

Heft 4 Kolloquium Energiewirtschaft und Ökonomie der Sektion für Maschinenbau der Deutschen Akademie der Wissenschaften zur Berlin am 22. Oktober 1958 im Pumpspeicherwerk Niederwartha
1959. 68 Seiten — 14 Abbildungen — 4° — DM 7,30

Jahrgang 1960:

Heft 1 ROBERT ROMPE: Kolloquium inhomogene Felder in festen Dielektrika im Durchschlagsgebiet. Veranstaltet von der Deutschen Akademie der Wissenschaften zu Berlin, Physikalisch-Technisches Institut, Bereich: Elektrischer Durchschlag am 16. und 17. März 1959
1960. 50 Seiten — 35 Abbildungen, davon 9 auf 5 Tafeln — 4° — DM 9,—

Heft 2 Vorliegendes Heft

Heft 7 WOLFGANG BOER: Reaktionskinetik von Elektronenprozessen in Festkörpern. Tagung der Deutschen Akademie der Wissenschaften zu Berlin, Physikalisch-Technisches Institut, Bereich: Elektrischer Durchschlag vom 11. bis 13. April 1960
1960. VII, 319 Seiten — 126 Abbildungen, davon 12 auf 3 Kunstdrucktafeln — 12 Tabellen — 4° — DM 23,—

Bestellungen durch eine Buchhandlung erbeten

AKADEMIE-VERLAG · BERLIN

FSC
www.fsc.org
MIX
Papier | Fördert
gute Waldnutzung
FSC® C083411

Zeitfracht Medien GmbH
Ferdinand-Jühlke-Straße 7
99095 Erfurt, Deutschland
produktsicherheit@kolibri360.de